我国低碳技术创新与发展研究

李冶明　张欣佳　赵振龙／著

中国商业出版社

图书在版编目（CIP）数据

我国低碳技术创新与发展研究 / 李冶明，张欣佳，赵振龙著. -- 北京 : 中国商业出版社，2023.12

ISBN 978-7-5208-2775-1

Ⅰ. ①我… Ⅱ. ①李… ②张… ③赵… Ⅲ. ①节能－技术革新－研究－中国 Ⅳ. ①TK01

中国国家版本馆 CIP 数据核字（2023）第 240298 号

责任编辑：吴　倩

中国商业出版社出版发行
（www.zgsycb.com 100053 北京广安门内报国寺 1 号）
总编室：010-63180647 编辑室：010-83128926
发行部：010-83120835/8286
新华书店经销
北京七彩京通数码快印有限公司印刷
*
710 毫米 ×1000 毫米 16 开 9.5 印张 213 千字
2023 年 12 月第 1 版 2023 年 12 月第 1 次印刷
定价：50.00 元
* * * *

前　言

节能和提高能效是当前产业结构和能源结构条件下推动实现“双碳”目标的低成本路径。未来，随着变革性节能降碳技术研发和产业化、数字化、智能化技术与传统行业的进一步融合，还将有较大降碳空间。低碳技术创新和推广应用，是落实碳达峰碳中和目标的重要举措，也是推动工业低碳转型、实现经济高质量发展的重要动力。

低碳技术创新为全球新一轮工业革命和科技竞争带来了新机遇。加快低碳技术创新是推进生态文明建设，贯彻落实新发展理念，实现经济社会高质量发展，全面建设社会主义现代化国家的重要支撑。通过深入挖掘低碳技术的独特属性特征及发展空间，提升低碳技术创新发展交流互动体系，为绿色发展提供有力的技术支撑。通过低碳技术创新加快发展方式的绿色转型是全球性共识，低碳技术创新为全球新一轮工业革命和科技竞争带来了新机遇。我国高度重视低碳技术创新发展，将其视为推进生态文明建设、绿色发展的重要支撑和保障，并作出了一系列部署。2022 年《政府工作报告》指出，要推进绿色低碳技术研发和推广应用。《国务院关于加快建立健全绿色低碳循环发展经济体系的指导意见》将“构建市场导向的绿色技术创新体系”作为重点任务之一，要求鼓励绿色低碳技术研发，加速科技成果转化。党的二十大报告提出，要加快发展方式绿色转型，加快节能降碳先进技术研发和推广应用。2022 年中央经济工作会议也提出，要加快低碳前沿技术研发和推广应用。随着我国“双碳”目标的提出，促进经济社会发展全面绿色转型面临着新形势、新任务、新挑战，推动绿色发展、促进人与自然和谐共生、扎实推进中国式现代化、实现高质量发展需要更加有力的科技支撑和保障，这对加快低碳技术创新发展提出了新要求，赋予了新内涵。

在此背景下，对低碳技术进行深入研究便是时代的要求。本书共分为六章。第一章为低碳技术理论概述，介绍了低碳技术创新的内涵，并将其与低碳政策、低碳经济相结合，给出论述的理论基调。第二章为低碳技术创新与发展现状，呈现了当前发展的特征、需求与困境等，并着重选取建筑业的低碳技术进行讲解，为低碳技术的现状提供具体的分析素材。第三章是低碳技术创新与发展价值，主要分为企业价值、绿色生产价值、电力发展价值三个板块。第四章介绍了低碳技术创新与发展的影响因素，涉及碳交易市场与低碳政策两大重要因素。第五章为基于低碳技术的产业结构升级，将制造业绿色转型、电力结构转型与低碳技术相结合，通过模型构建与分析证实并推演了低碳技术对产业结构升级的作用。第六章给出低碳技术创新与发展对策，分别介绍了制造业与工程建设及其他领域的低碳技术发展对策，涵盖面较广，具备一定的参考意义。

著　者

目　录

第一章　低碳技术理论概述

第一节　低碳技术创新

一、低碳技术创新相关研究

低碳技术是指对减少环境污染，减少原材料、自然资源和能源使用的技术、工艺或产品的总称①。低碳技术本身具有很强的正外部性，不仅能够使低碳技术的开发人员和设备生产者通过技术转让、清洁生产设备、环保设备、绿色消费品等的销售获得收益，还能降低低碳技术和设备使用者在生产过程中的能源消耗和污染排放。低碳技术满足了绿色产品消费者的环境偏好需求②。与此同时，低碳技术创新能够提升生产效率和能源利用率，降低能源投入与消耗，帮助相关产业获取更多利润，以实现价值链的攀升③。有别于以往的技术进步偏向于资本或劳动要素④，低碳技术进步偏向于节能减排和清洁生产，是一种“资源节约型”技术，能够促进产业结构低碳化⑤。低碳技术能维护或改善生态系统，提高生态系统的生态生产力，但低碳技术本身的特点决定了低碳技术创新的高成本。

在低碳技术创新决定因素方面，学者主要关注了环境规制对低碳技术创新的作用效果。总体来看，目前学界关于环境规制对低碳技术创新的影响作用主要分为两类。第一类研究认为环境规制不利于低碳技术创新，即环境规制会抑制低碳技术创新。支持该类观点的学者认为，强制性的环境规制迫使企业改变工艺流程和技术，产生额外的成本，阻碍了企业开展低碳技术创新。Jaffe 等（1995）的研究表明，环境规制所导致的额外成本阻碍了企业的技术创新活动⑥。Porter 等（1995）认为适当的环境规制可以促进企业的创新行

---

① Barbieri N，Marzucchi A，Rizzo U. Knowledge sources and impacts on subsequent inventions：Do green technologies differ from non−green ones?［J］. Research Policy，2020，49（2）：103901.

② 孙鹏程，金宇澄．低碳技术发展的外部经济性及其补偿研究［J］．科学管理研究，2006（03）：32−36.

③ 韩军辉，闫姗娜．低碳技术创新能力对制造业价值链攀升的影响［J］．科技管理研究，2018，38（24）：177−182.

④ Autor D H，Katz L F，Krueger A B. Computing inequality：have computers changed the labor market?［J］. The Quarterly Journal of Economics，1998，113（4）：1169−1213.

⑤ 鄢哲明，邓晓兰，陈宝东．低碳技术进步对中国产业结构低碳化的影响［J］．经济社会体制比较，2016（04）：25−39.

⑥ Jaffe A B，Peterson S R，Portney P R，et al. Environmental regulation and the competitiveness of US manufacturing：what does the evidence tell us?［J］. Journal of Economic Literature，1995，33（1）：132−163.

为，而这些创新将提高企业的生产力，也就是“创新补偿”，进而抵消由环境保护带来的成本，并且提升企业在市场上的盈利能力①。Guo 等（2017）使用中国省级面板数据在地区层面上证实了环境规制能促进低碳技术创新②。第二类研究认为环境规制对技术创新的影响是非线性的。Brechet 和 Meunier（2014）认为环境规制与低碳技术采纳程度之间存在非单调关系③。Yuan 和 Chen（2017）研究发现环境规制与低碳技术创新之间呈现正 U 形关系④。王林辉和杨博（2020）以环境规制为门限变量，实证研究发现，只有环境规制强度达到一定程度之后国际贸易才会有利于技术进步朝节能方向转变⑤。

二、低碳技术创新相关概念界定

（一）低碳技术创新

“低碳经济”重视在发展经济过程中尽量减少能耗和污染，在气候变暖的背景下，“低碳经济”“低碳技术”成为各国关注的重点。低碳技术主要应用在高能耗且使用传统能源的行业中，如交通、建筑、电力和化工行业。除此之外，在一些新型能源、清洁高效利用煤炭及可再生能源的开发中，低碳技术应用也较为常见。低碳技术的研发应用，有利于减少对传统能源的依赖，带来新能源以及能源利用方式的革命。

低碳技术目前还没有较为权威的定义，广义上指能够降低人类活动所产生的碳排放的技术。从作用途径来看，目前低碳技术大致可以分为三类。第一类是指能够提高企业生产实践中能源效率、降低生产过程所产生的二氧化碳的技术，主要作用于生产过程中。第二类是作用于生产过程之后的后端技术，即通过捕捉并固定已经生成的二氧化碳。该类低碳技术的特点为在降低环境中二氧化碳含量的同时并不会限制企业生产，例如碳捕获、利用和封存技术（CCUS）技术。第三类是指能够从根本上解决碳排放问题的清洁能源技术，如太阳能、风能和生物质能等，以清洁能源代替传统化石能源，从而达到低碳生产的目的。本质上，低碳技术创新属于技术创新的一部分，因此低碳技术创新具备技术创新的特征。但低碳技术创新由于自身技术特点，其又和传统的技术创新存在差异。具体而言，低碳技术创新属于一种突破式技术创新，而现实中无论是日常生活还是生产实践，现行的经

---

① Porter M E，Van der Linde C. Toward a new conception of the environment－competitiveness relationship［J］. Journal of Economic Perspectives，1995，9（4）：97－118.

② Guo L，Qu Y，Tseng M L. The interaction effects of environmental regulation and technological innovation on regional green growth performance［J］. Journal of Cleaner Production，2017，162：894－902.

③ Bréchet T，Meunier G. Are clean technology and environmental quality conflicting policy goals?［J］. Resource and Energy Economics，2014，38：61－83.

④ Yuan B，Ren S，Chen X. Can environmental regulation promote the coordinated development of economy and environment in China’s manufacturing industry? - A panel data analysis of 28 sub－sectors［J］. Journal of Cleaner Production，2017，149：11－24.

⑤ 王林辉，杨博. 环境规制、贸易品能耗强度与中国区域能源偏向型技术进步［J］. 经济问题探索，2020（02）：144－157.

济发展模式对以传统能源消耗为主的发展路径具有强烈依赖。因此，相比于传统的技术创新，低碳技术创新更为稀缺，同时使用成本也更高。此外，低碳技术相较于传统的技术创新具有正外部性，不同于传统技术创新追求效率和产出的最大化。低碳技术创新不仅能够使生产企业受益，还能够改善人居环境，增进社会福利和幸福感。

美籍奥地利政治经济学家熊彼特在其著作《经济发展理论》中首次提出“技术创新”这一概念。他认为技术创新是一种全新的生产要素，这种生产要素包括引进新产品、改变生产方式、控制原材料来源等①。傅家骥在其学术著作《技术创新学》中提到技术创新的定义：技术创新是通过生产要素重组实现建立高效率、低成本的生产体系和获取商业利益的目的，贯穿各领域经济活动的一种行为②。与传统技术相比，低碳技术更强调“低碳”二字。低碳经济是指降低能源消耗、减少污染排放的生态友好型经济③。低碳技术创新是低碳经济发展的助推剂，随着环境问题的日益严重，越来越多的学者开始研究低碳技术创新，但是目前关于低碳技术创新的概念尚未形成标准定论。从技术类型角度，可将低碳技术创新定义为对低碳技术、无碳技术、去碳技术这三类技术的开发与应用④。从创新模式与目标角度，可将低碳技术创新分为渐进型低碳技术创新和突破型低碳技术创新⑤：渐进型低碳技术创新是对目前技术进行循序渐进的调整从而适应低碳经济发展的技术革新，它是一种变化幅度小但持续不断的创新；突破型低碳技术创新是打破传统范式，从根本上革新生产原材料来源，突破传统技术高耗能的难题。总的来说，低碳技术创新是一种突破能源束缚、实现节能减排的技术创新，是支撑可持续发展的关键技术创新。

本书所研究的低碳技术创新为考虑低碳环保的技术创新，它是以节约能源、减少碳排放为目标，力求在提高技术创新水平的同时减少资源消耗和二氧化碳排放，实现创新发展与低碳经济发展的行为。因此，在测度低碳技术创新效率的过程中，除考虑传统创新的投入、产出要素以外，还需考虑能源消耗和碳排放量，它是在可持续发展背景下对传统技术创新的进一步完善。

（二）绿色全要素生产率

绿色全要素生产率是在全要素生产率的基础上引申出来的。在传统的全要素生产率模型中，剔除资本和劳动对经济增长的影响后，剩余不能被解释的部分称为索洛剩余，也叫全要素生产率。在传统全要素生产率的模型中，并不对产出指标的“好”“坏”进行区分。因此传统全要素生产率在测算环境相关指标时无法区分非期望的产出。而在当下的经济发

---

① 约瑟夫·熊彼特．经济发展理论［M］．北京：商务印书馆，1990．

② 傅家骥．技术创新学［M］．北京：清华大学出版社，1998．

③ 王明杰，郑烨．发展低碳经济的路向选择［J］．经济导刊，2010（05）：48—49．

④ 李宏伟，杨梅锦．低碳经济中的“碳锁定”问题与“碳解锁”治理体系［J］．科技进步与对策，2013（15）：41—46．

⑤ 张修凡．碳市场流动性与区域低碳经济转型——基于低碳技术创新的双重中介效应分析［J］．南京财经大学学报，2021（06）：88—98．

展中，经济增长不再是首要目标，各个国家逐渐将“可持续性”作为经济发展的前提，而“可持续性”经济发展的表现形式为绿色经济增长。学者们也逐渐意识到能源消耗和环境污染在经济发展中的重要制约作用。此时，只考虑了“好”产出的传统全要素生产率不再适用，因而需要考虑将能源和环境因素看作内生变量，共同制约影响经济增长。所以在传统全要素生产率测算过程中，要将能源消耗作为投入变量之一，将环境污染作为非期望产出，共同纳入全要素生产率的估算体系中，得到绿色全要素生产率。绿色全要素生产率满足了相关研究指标测度中对环境污染和能源消耗的表现。

三、低碳技术创新相关理论基础

（一）波特假说

早期传统的新古典经济学认为，企业在面临环境规制时，需要承担生产所产生的污染排放责任，企业因此被迫改变原有的生产策略。这种情况一方面给企业带来了处理污染排放的额外支出，另一方面生产策略的改变降低了企业的盈利能力，由此给企业带来了巨大的“规制成本”，不利于创新活动的展开，因此环境规制不利于企业发展和经济的增长。而波特于 20 世纪 90 年代提出的环境规制存在“创新补偿”效应，可以抵消企业所面临的规制成本①。他认为适当的环境规制对企业生产发展和经济增长具有积极作用。具体通过创新补偿效应和学习效应来改进环境质量和提高产出。这种观点与传统的新古典经济学关于环境保护问题的观点相反，为进一步认识和理解环境保护与经济发展之间的关系提供了新思路。波特假说对后续的研究具有重要启发。首先，在看待环境规制、技术创新、经济增长三者关系时，要由短期关系拓展至长期的作用关系，即用动态的研究视角对其进行讨论分析。以动态视角看待环境变化，制定合理的环境规制政策，从而提高低碳技术创新水平、提升企业技术竞争力和盈利能力，在实现环境保护的同时促进经济高质量增长。其次，清楚认识到政府在经济增长与环境规制之间的关系。政府相对于企业能够较为全面地感知获得经济环境下的各种信息，因此要充分利用政府在信息方面的优势，为企业进行环保型技术创新或技术引进提供更多信息。同时，政府应设计能够充分利用市场资源配置特点的环境规制政策，确保企业在自身发展的同时主动执行环境保护政策。最后，波特认为，更加严格但设计合理的决策将有利于企业提高低碳技术创新水平。设计合理的环境规制政策可以推动企业提高低碳技术创新水平，并最终促进经济高质量增长。

具体来讲，为了追求效益最大化，企业明知可能产生的环境后果依然会选择漠视环境影响而追逐利润增长。当有许多企业都这样做时，久而久之，生态系统自然不堪重负，因此政府有必要对这类行为进行规制。如图 1-1 所示，Q 和 Q^* 分别表示环境规制前后的产出水平，E 和 E^* 分别表示环境规制前后的环境质量，曲线为生产可能边界线。从图 1-1

---

① Porter M E, Van der Linde C. Toward a new conception of the environment－competitiveness relationship [J]. Journal of Economic Perspectives, 1995, 9 (4): 97－118.

中可以看到，在没有对企业实施环境规制时，企业产出还处于一个较低的水平，但是施加了环境规制之后企业生产潜力被极大地释放出来，Q^*-Q 即为企业产出的潜在提升空间。除此之外，环境质量也有了显著的改善，环境质量从规制前的 E 点提高到了规制后的 E^* 点，表明政府对企业施加环境规制能够取得企业产出和环境质量双提高的大好局面。需要注意的是，要实现这样的局面必须基于该环境规制是在合理正确设计的前提下，即满足以下六点：一是通过加大对信息收集来促使企业增强环保意识；二是能够暗示企业知晓其存在的污染问题并指出潜在改进方向；三是能够激发企业创新意愿并提高创新能力；四是确保企业不能通过规避环境投资来获利；五是能够提高环境价值投资水平；六是通过财政补贴的形式对企业提供部分环境补偿。

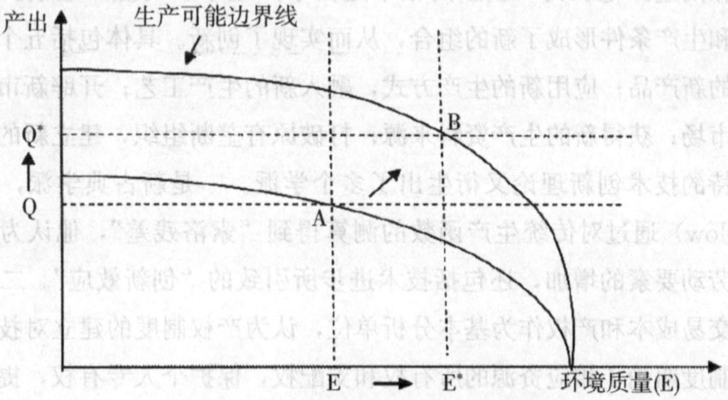

图 1-1 波特假说的环境规制作用

在波特假说提出后不久，Jaffe 等（1997）又对此作了进一步细化研究，将波特假说细化为强波特假说、弱波特假说和狭义波特假说。强波特假说和弱波特假说主要是从环境规制对企业提高技术创新水平的作用强度来区分，而狭义波特假说则从另一个角度出发，认为不是所有的环境规制都能产生作用，只有特定类型的规制工具才会激发企业创新意愿，加大科技研发活动，推进企业生产技术与效率提升，侧重于政府灵活制定有效的环境规制才能对企业创新产生实效。总体而言，波特假说理论经过多年发展已经形成了一个较为完备的体系。

根据波特假说，在微观层面上，一个企业的生产要素在短期内处于均衡状态，而技术创新会不可避免地导致公司成本的增加，也就是在收入没有任何变化的情况下会降低公司的盈利能力，使公司在贸易和市场竞争中处于不利地位；从长远来看，新技术的最终实际应用将为企业带来更高的生产力，当生产率提升后，企业生产所带来的利润将会远大于企业进行技术革新所耗费的成本，这时企业所获得的利润就会大幅度上涨，并且技术的改进可以提高产品质量，这显然会使企业在未来的贸易和市场竞争中处于有利的地位，并获得更高的利润，这反过来又能进一步提高产品的生产技术，最终形成一个良性循环。在宏观层面上，国家同样会受到这种影响。在短期内，对国家的经济有着负向消极影响，但以长远的眼光来看，采用环境规制的国家在全球市场上更具有竞争力，因而能够使本国的经济发展“更上一层楼”。不仅如此，在波特假说理论中，政府所发挥的作用也得到了肯定。在经济增长与环境规制中，政府可以起到很好的调节作用。同时，由于企业和政府之间有着信息不对称的状况，后者往往掌握着最新的信息和政策资源，如果对二者积极地进行调节，使得市场中的各类信息充分地流动，那么生产者就能够更加全面地了解有关环境保护的政策以及未来技术革新的方向，做好充分的准备并提升企业的研发效率。

（二）技术创新理论

创新理论首次被提出并受到广泛关注，是在经济学家熊彼特（Joseph Alois Schumpeter）于1912年出版《经济发展理论》后。在该书中，熊彼特首次对创新理论进行了系统分析和阐述。他认为，创新的根本是由于产生了新的生产函数。在新生产函数中，生产要素和生产条件形成了新的组合，从而实现了创新。具体包括五个方面：创造市场上未曾有过的新产品；应用新的生产方式，融入新的生产工艺；开辟新市场，包括国家和产业层面的市场；获得新的生产资料来源；打破原有垄断组织，建立新的组织形式。在此之后，熊彼特的技术创新理论又衍生出了多个学派。一是新古典学派，代表人物索洛（Robert M. Solow）通过对传统生产函数的测算得到“索洛残差”，他认为经济增长的动因除了资本、劳动要素的增加，还包括技术进步所引致的“创新效应”。二是制度创新学派，该学派将交易成本和产权作为基本分析单位，认为产权制度的建立对技术创新具有重要意义。产权制度明确了相应资源的所有权和支配权，保护个人专有权，提高了创新活动中的私人收益。三是国家创新系统学派，该学派认为，除了企业的自主创新活动，国家创新系统对技术创新同样具有重要的促进作用。在国家创新系统下，创新资源在各创新主体间合理配置，形成创新关系网络，促进知识的传播和扩散，提高国家整体的技术创新绩效。

随着创新理论的不断发展，技术创新的理论内容不断丰富完善，拓宽了学者研究技术创新理论的思维方式，为后续研究打开了新思路。

（三）可持续发展理论

早在1981年出版的《建设一个可持续发展的社会》一书中，美国学者布朗（Lester R. Brown）就提出通过保护资源环境、控制人口增长和开发新能源来实现经济可持续发展的新思路①。1992年，联合国通过了《里约环境与发展宣言》《21世纪议程》等文件，明确了可持续发展的重要地位。继而我国编制了《中国21世纪人口、资源、环境与发展白皮书》，首次将可持续发展纳入我国经济社会长远发展战略规划之一。此后，中共十五大将可持续发展战略确定为我国现代化建设中必须实施的战略。可持续发展理论是指既满足当代人的需求又不会对后代人满足其需要的能力构成危害的发展模式，其基本原则包括公

① Brown L R. Building a sustainable society [M]. WW Norton & Company, Inc., 500 Fifth Avenue, New York, NY 10110, 1981.

平性、持续性和共同性原则。创新发展理论旨在减少生产过程中的要素投入，提高经济社会中的资源配置效率，并以较低的资源环境代价满足人类社会的基本需求。因此，创新发展主要表现为绿色、低碳的经济发展模式。联合国环境规划署（UNEP）将绿色经济定义为低碳、高效和清洁生产，它的包容性基于共享、循环、协作、团结、复原力、机会和相互依赖，旨在促进经济与社会发展形成良性循环。

可持续发展大致经历了三个阶段：意识建立阶段（1972 年以前）、持续发展阶段（1972—1987 年）、深化认识阶段（1987 年至今）。

第一阶段是意识建立阶段（1972 年以前）。基于人类对生存的持久关注，在早期人们就意识到了可持续性问题，已经能够区分可持续和不可持续的做法，但这个时期还没有把可持续性与发展问题合二为一地去看待。随着社会的发展，有人开始意识到人类活动的持续进行会使地球上的自然资源不断退化、减少，人类生存在一个自由有限的封闭实体中，这将导致人类的生存面临威胁，因此有必要去寻求一条能够使生态系统维持循环状态的发展路径。基于以上对人与自然的关系和地球环境资源与承载力的认识，可持续与发展就不是两个问题而是一个问题，由此人们逐渐建立了可持续发展的意识。

第二阶段是持续发展阶段（1972—1987 年）。自认识到可持续发展的重要性后，人们对环境问题越来越关注。联合国在人类环境大会上强调对存在的环境问题进行管理已经迫在眉睫，呼吁各国行动起来一起对环境进行治理。毫无疑问，20 世纪 70 年代全球的经济发展非常快，但是这种发展却是以对资源的无限开采和污染为前提的，如果继续照此发展将面临的是严峻的环境问题，1978 年联合国环境规划署首次提出“生态发展”一词，这对可持续发展概念化起到了巨大的推动作用。1987 年，世界环境与发展委员会在《我们的共同未来》的报告中指出，可持续发展应该既不影响当代人满足自身需求，又不对后代人满足需求的能力有损害，后来该表述被广为人知，也被视作官方定义。

第三阶段是深化认识阶段（1987 年至今）。自世界环境与发展委员会对可持续发展指出定义以来，学界引发了强烈反响，随后几年更是出现了众多版本的定义。1992 年是继 1987 年的又一次重大突破，当年举行的联合国环境与发展会议出台的四项内容对全球环境治理与发展产生重要影响，对推动世界各国可持续发展进程、对推动可持续发展研究都作出了重要贡献。

（四）内生增长理论

什么是经济增长的源泉一直是经济学界研究的热门话题。经济学界最早对这个话题提出系统理论的代表学者是索洛。以他为主要代表的学派认为影响经济增长的因素主要是外生技术，其主要思想被称为传统新古典增长理论。随着经济社会的不断发展，以罗默和卢卡斯为代表的新经济学派对经济增长的源泉有了新的见解，提出了新经济增长理论，认为经济增长的关键在于其系统内生因素，折射的是经济增长由外生到内生决定的转变，这是一次巨大的理论飞跃。新经济增长理论因其将经济增长的源泉归于内生技术进步，也被称为内生增长理论。和传统的古典增长理论相比，其突破之处就在于将技术外生转变为技术内生。除此之外，为了使内生增长理论更好地解释经济增长的实质，还引入了知识和人力资本来比较完善地阐述经济增长的源泉，其认为推动经济长期持续增长的根本原因是人力资本水平的提高，劳动力只有不断地积累才干，提高人力资本素质，才能促进技术的不断进步。其中，人力资本可以通过学校正规教育和工作经验来获得，这三个要素的持续增加不仅不会出现收益递减现象，反而会使收益递增。美国的经济发展史就是一个很好的例证，也因此奠定了它的世界超级大国地位。

四、低碳技术创新的影响因素

（一）与市场相关的影响因素

从基于市场的影响因素来看，企业低碳技术创新主要受研发投资、市场需求、消费者环境意识、金融发展等影响。在企业自身的研发投资方面，相比许可和自主创新投资，联合研发投资对低碳技术创新的影响更为显著。公共领域和私人领域的研发支出能在一定程度上刺激低碳技术创新。在市场需求方面，市场需求越来越被认为是通过市场机制激励企业进行低碳技术创新并提升整体创新水平的重要因素。在消费者环境意识方面，随着公众对环境问题的意识和敏感性的提高，公众环境保护意识已成为低碳技术创新的另一个重要因素，与政府环境法规的压力相对应，公众对环境保护的意识所带来的压力也被认为是促进低碳技术创新的重要驱动力。在金融发展方面，Zeqiraj 等（2020）的研究发现股票市场有利于提高企业的低碳技术创新水平。

（二）与政策相关的影响因素

从与政策相关的影响因素来看，基于波特假说的政府环境规制被认为对于促进企业低碳技术创新具有重要影响。Porter（1991）认为，合理的环境规制能长期刺激企业进行技术创新，产生创新补偿效应。目前，有关环境规制的研究大多将其分成命令和控制、市场激励和自愿监管三类。以市场为基础的环境规制相关研究发现，碳税政策能有效促进企业低碳技术创新，碳排放权交易试点政策整体上推动了试点地区的低碳技术创新活动。在自下而上的政策中，低碳城市试点政策有效地促进了企业的低碳技术创新。

具体的政策工具如税收激励、碳定价、公共研发支出、法律法规（如排放标准）、相关补贴、政府资助、政府购买等同样有利于促进企业进行低碳技术创新。税收激励降低了企业发展低碳技术初期的采用风险，因为其为早期版本的创新产品的购买者提供了折扣，低价销售带来的净利润的增加为研发、学习和扩大规模提供了资金，推动了企业低碳技术创新的发展。碳定价校正了碳排放的负外部性，并给予制造商一个预期的信号，使其改变原有的投资决策，即将资本分配给低碳或具有气候适应性的活动，且碳市场上拍卖的碳排放许可的收入也可以为低碳研发提供持续的资金来源。法律法规等主要刺激了渐进式的创新进程，诸如建筑或能源等受严厉监管的部门中的企业会因此被鼓励或被迫转型。相关补贴直接向公共研究机构、大学和私营企业提供清洁技术研发必要的资金支持，使企业提供的低碳产品能在初期获得价格优势，并向金融市场参与者发出一个强烈的信号，以支持企业为低碳技术创新融资。政府资助直接为低碳技术创新提供研发基金，而公共基金研发则有利于开发不成熟、成本高昂且高度不确定的低碳技术，并帮助推动基础研究。政府购买将各种机构的需求聚集起来，为低碳产品创造了更大的市场和规模经济，同时有利于提升公司声誉，间接加快了低碳产品的市场渗透进程。

第二节 低碳政策与低碳技术创新

一、环境规制

地区低碳政策试点和碳市场试点展现了政府减碳的不同思路。前者以政府主动干预为主，由政府鼓励减碳，奖励或惩罚企业的碳排放行为；后者则以市场机制为主，企业根据自身碳排放量情况主动选择市场买卖碳排放权行为或提升低碳技术减少碳排放、提高废物利用率等。尽管治理思路有所不同，但两种方式本质上可以归为环境规制。

（一）外部性与波特假说

环境规制本质上是以政府为主体、以政府颁布政策为手段、以保护生态环境为最终目的，对企业生产活动中破坏自然生态的行为予以限制的社会性规制。企业的排污行为给整个社会带来额外的治理成本，存在负外部性。在政府保护环境力度较弱的情形下，企业无须支付过高的污染治理成本：一方面，直接排污无须承担过多的社会责任，另一方面，进行污染治理也不会得到相应的补偿。这使排污行为对企业而言有利可图，在排污代价较小的情况下利润增加，使其成为受益方。环境规制的整体思路即令企业承担保护环境的社会责任，减少企业排污带来的社会整体负外部效应。环境规制的相关理论可以追溯到20世纪70年代，其中最为著名的是90年代出现的波特假说理论。波特假说最为核心的观点是适合的环境规制可以使企业进行技术创新。环境规制可以通过两种途径传导至企业的技术创新：一方面，为了达到保护环境的目的，政府要求企业承担相应的社会责任，减少生产的负外部性，增加企业成本，导致企业可用于研发的资金减少，阻碍了企业的技术创新；另一方面，企业可以通过主动的技术创新行为减少环境规制的成本，此时技术创新行为受到激励。

（二）创新补偿与遵循成本效应

环境规制对企业技术创新的影响取决于创新补偿效应和遵循成本效应之间的强弱程度。创新补偿效应是波特假说的核心观点。企业在面临环境规制时通常会采取两种行为，一是对生产过程中产生的污染物进行治理，二是技术创新。当环境规制较弱时，企业无须通过投入大量资源进行技术创新，短期内符合政策合规要求即可，因此此时企业会选择治理污染物；当环境规制较强时，企业需要将更多的负外部效应转化为企业内部问题，成本也随之上升，由此选择技术创新带来的长期收益能够弥补提高的成本。遵循成本效应是企业遵循制度、政策要求产生的成本对企业技术创新的影响。该效应认为企业面临的制度成本越高，企业将面临的污染治理成本就越高，当资金被用于进行污染治理时提高了生产成本，企业能够投入到技术研发创新部分的资金将减少，在遵循成本较高的情形下考虑到技术研发周期及持续的研发投入，企业甚至将放弃技术创新。环境规制存在创新补偿效应和遵循成本效应，两者对技术创新有着截然相反的作用，因此环境规制对企业技术创新的影响具有不确定性。

二、碳排放权交易与低碳技术创新

（一）科斯产权理论

碳排放权是政府下放给企业、允许企业生产经营过程中产生最大的碳排放量，该上限被称为份额或额度，一般比实际企业的碳排放量小。碳排放权理论的支撑为科斯的产权理论。当企业碳排放量超过分配的份额时，需要通过市场向碳排放权供给企业购买一定份额；反之，当企业的份额尚有盈余时，可以将多余份额在市场卖出，企业作为市场的供给方出售份额。这一机制的建立将企业排放温室气体给整体社会产生的负外部效应通过企业的购买行为内部化。碳排放试点之前的企业无须考虑碳排放量的大小对自身生产经营的影响，而该机制实施后，企业的碳排放量就与利益最大化的原则挂钩，购买份额成为企业的成本，卖出份额成为收入，影响着企业的业绩成果。科斯认为，当排污权被视作清晰的产权且允许交易时，市场将无视资源的初始配置，使最终的资源配置达到帕累托最优状态。碳排放权作为一种产权，根据科斯的理论，无论一开始政府向所有企业分发份额的初始配置是怎样的，通过市场交易行为都会实现碳排放权资源的最优配置。在此机制下，企业通过买卖行为、低碳技术创新等行为约束自身碳排放量，政府通过制定碳排放权配额总量控制所有企业总碳排放量。

（二）碳交易市场影响低碳技术创新的路径

生产规模较大、碳排放量较大的企业将面临较大的减排压力，假定在不依靠购买行为解决自身份额不足的情况下，企业必须进行低碳技术的研发并将技术成果投入使用，而规模较大的企业优势是拥有充足资金用以支持低碳技术的研发。另外，相比较从市场购买份额的短期行为，决策者将因为预期技术带来的效益选择技术研发等长期行为，技术的投入能够确保企业未来更经济、更有效的产出。同时，当企业自身通过技术创新令碳排放量大量减少且低于政府分配的碳配额时，企业将拥有多余的份额在碳交易市场上公开售卖，企业减少自己的碳排放量越多，份额减实际碳排放量的差额越大，企业可以将多余部分变现，这对企业而言是一种正向激励机制。但企业当下选择购买行为只能解决一时的合规问题，因此在碳市场中，减碳量超过份额越多，越有利于企业自身的获利，这时企业以获利为目的与政府保护环境减少碳排的目的一致。

(三)现有碳交易相关制度建设

在碳交易市场试点前，我国参与碳交易的主要方式是与世界其他发达国家合作清洁发展机制项目（CDM），即发达国家通过建设项目的方式帮助发展中国家减少碳排放量，发展中国家可以将减少碳排放量的额度进行转让，并获取对应收入。我国碳交易市场试点总体呈现出“框架相同，细节存异”的特点，各地区根据自身产业结构特点，在纳入行业范围、配额分配方式和惩罚机制上都发展出了具有各地区特色的交易市场。在纳入的行业范围中，深圳、上海和北京的第三产业发展最具优势且占比较大，因此额外将交通运输业、服务业、公共管理部门等行业纳入交易市场覆盖的范围；配额分配上，多数碳市场采用拍卖的方式进行，且不同地区计算碳配额的方式也不尽相同，比如重庆地区采用历史排放法，与欧洲 EUETS 初期采用方法一致，广东则采用了根据不同行业、不同部门的特点设定不同的计算方式；在惩罚机制方面，对于逾期未足额缴纳碳配额的企业，天津地区无罚款措施，上海和广东有固定金额的罚款措施，其他地区的罚款措施均与碳价相关，其中北京碳市场罚款力度最大，对企业未缴纳的差额按照市场均价的 5 倍予以处罚，同时北京、上海、广东和天津地区还规定了逾期行为对补贴、激励政策以及信用记录方面的影响。

三、地区低碳政策与低碳技术创新

地区低碳试点政策包括方方面面，其中有三个主要部分，分别是财政补贴政策、碳税或与碳排放相关的罚款政策以及金融体系配套政策。前两者为直接政策，直接作用于企业的生产经营，后者为间接政策。

(一)财政补贴政策

减碳财政补贴是指当地政府通过财政拨款、税收优惠等方式，对企业节能减碳项目提供资金支持和税收减免，目的是鼓励企业灵活运用资金，降低技术创新成本。根据遵循成本效应，当企业面临环境规制时会产生合规成本，企业投入到技术创新的资金会因此减少，最终阻碍技术的进步创新。波特假说成立的前提是技术创新带来的补偿效应大于遵循成本效应。财政补贴是一种弥补环境规制给企业带来的合规成本增加的措施，在一定程度上可以减轻遵循成本效应的阻碍，更有利于发挥环境规制对企业技术创新的正向作用，因此政府政策支持的强度直接影响了企业技术创新的投入量，最终影响到技术创新的结果。

(二)碳税或惩罚政策

根据庇古税理论，企业在生产过程中产生了负外部效应时，政府可以选择根据企业排放到外部的污染向企业征税，征收的额度等于负外部效应增加社会边际成本的部分。通过征税手段来补偿治理这些污染产生的治理成本，如此将外部效应内部化，倒逼企业减少这一成本，相应的环境污染将在企业的生产经营中被解决。庇古税代表的是一系列与环境污染相关的罚款政策。当政府要求高碳企业低碳化，对企业超额碳排放予以罚款或对排放行为本身征收碳税时，企业面临的遵循成本效应将变大。根据波特假说，碳排放相关税项或罚款抑制企业创新，但是征收而来的罚款可以以财政补贴的形式再度回到企业中，这说明实施征税或相关罚款会使企业资金在行业内进行重新分配。在促进高碳企业低碳化的过程中，高碳企业表现的个体研发能力不尽相同。低碳技术创新能力更强、实现低碳化目标更快的高碳企业更容易获得政府的财政补贴，减排的同时企业将面临更低的税额或罚款，遵循成本效应会更小，形成正向循环。

（三）配套金融政策

金融体系的配套政策对企业的生产经营有着重大影响。最具代表性的是银行贷款政策。利用金融体系支撑企业的低碳化转型是一种间接性地区低碳政策，决定向企业提供资金与否的主体并非政府本身，地区政府需要通过金融政策引导银行、证券等金融机构向企业提供低碳项目或用于购买碳配额所需资金。配套的金融政策对企业低碳技术创新的传导路径与财政政策补贴相似，两者为企业提供支持资金，通过减少环境规制中的遵循成本效应或为企业的技术创新提供保证，有区分的是前者是间接传导，而后者是直接传导。根据不同金融机构的性质、提供资金的不同目的，企业运用资金也会产生不同的用途，相比于政策补贴更具有灵活性。

四、碳排放政策与低碳技术

（一）碳排放政策

碳税指的是征收企业排放二氧化碳的税。碳税的设立主要是为了减少碳排放，从而在一定程度上缓解全球变暖，是一种外部资本转变成内部成本的经济手段。和其他的减排手段诸如碳交易及对于企业碳排放总量指标的限制和规定等方法不一样，征收碳税需要付出的管理成本相较于其他方法会极大减少①。关于政府对企业的经济行为所造成的外部性管理，庇古是最早提出庇古税从而对这一类行为进行处理的经济学家。他认为，针对企业行为所产生的负外部性，政府应对其进行征税；针对企业行为所产生的正外部性，政府应对其进行补贴。碳限额是指政府对企业的各种行为所产生的二氧化碳排放总量进行限制和规定，往往和碳交易一同出现，当企业的生产行为所产生的碳排放量不足或者超过了政府的规定，就可以通过第三方交易平台进行卖出或者买入实现自身的平衡，从而将外部成本转化为内部成本。与其他政府政策相比，碳交易将市场和政府进行了融合，在公平性以及可操作性上有着更大的优势，因而也是很多学者支持的减排机制，我国也在积极推行②。由于二氧化碳是气体不便于计算，所以最终将企业在整个生产经营活动中所产生的对环境造

① 王爱虎，黄凌波，贺裕雁，等．碳税与减排补贴下混合双寡头企业竞合博弈研究［J］．工业工程，2020，23（02）：9－18.

② 刘振，宋寒，代应，等．碳交易与消费者低碳偏好下低碳服务供应链收益共享契约［J］．计算机集成制造系统，2022，28（01）：294－306.

成危害的二氧化碳所消耗的各类化石能源作为征税对象，不同类型能源单位量所产生的二氧化碳不同，因而税收也各不相同。碳税的征收额度主要依据是碳税的征收对象，我国将二氧化碳排放量作为最终的征收对象，因此碳税率采取的形式将二氧化碳作为考虑依据，在具体方式选择上，我国税率有从量税和从价税，而二氧化碳主要通过排放的数量作用于生态环境，因此最终选择采用从量税的方式，即定额税率形式。在碳税征收初期，有专家建议我国设定价格为每吨二氧化碳排放量为 10 元，这个标准一直持续到 2012 年，之后随着经济的增长，相对应的标准也在提高。我国在对碳税进行确定之时，参考了国外的经验并充分考虑到我国的实际状况，并没有照搬国际标准，而是进行了本土化适应，最终对我国的税收优惠进行了合理设计。

考虑到我国企业与外国企业之间的竞争以及在国外市场的竞争现状，为了增强竞争力，淘汰落后产能企业，对依赖传统能源的密集型行业设定了一系列条件，同时根据门槛采取了更为合理健全的优惠减免返还措施。税收是针对企业的生产活动，对于个人因日常生活所产生的二氧化碳并不进行征税。碳补贴政策就是对主动采取更高效率技术来减少生产过程中的排放的二氧化碳量的企业根据一定标准进行补贴，包括对企业进行技术升级的研发费用以及降低排放量所购买的设施的成本进行一定比例的补贴等。这种方式更加直接地支持企业进行低碳行为，一方面减轻了企业为升级技术造成的成本压力，另一方面能更加快速地吸引企业进行节能减排的转型。

（二）碳排放政策对企业的影响

碳排放政策中的碳税是将运营企业造成的外部成本内部化的一种方式，用征税的方式将企业造成的负外部效应进行量化，通过企业缴纳税款来弥补社会成本和企业运营成本之间的差额，一方面能够保护环境，倒逼企业在运营过程中重视对环境的保护，采取对环境更加友好的运营方式生产，另一方面也有利于促进整个行业的转型升级。碳税这种方式无形之中增加了企业的成本，企业为了减轻自身的成本压力，将会采取提高价格的方式让消费者分担，消费者由于对价格的敏感性会降低对企业产品的购买欲望，寻找其他环保替代商品。短期来看，碳税政策的实行可能会造成价格的上升，对市场需求有一定的负面影响，但是从长远发展来看，碳税的实行能够增加采取低碳技术企业的收益，还能提升企业的品牌形象，减少环境污染治理费用，使整个经济体系向着绿色可持续道路发展。政府采取碳补贴的方式给予企业支持，运用更加直接的方式，能够快速促进企业选择高效低碳技术，碳补贴对企业起到正向促进作用，且随着补贴的增加，促进作用越发明显。

（三）演化博弈理论

演化博弈理论认为人类不会一次性实现均衡，而是通过不断做决策然后改正这样一种反复的过程逐步实现均衡。这是一个演变的过程，在此过程中，制度、环境甚至过去的行为都会对博弈的均衡实现产生影响，这与生物进化原理具有共性。演化博弈理论是一种将博弈和动态演化二者进行结合从而发展出来的一种理论。因此在使用方法上，演化博弈不同于一般的博弈，它更加注重事物的动态演化，即随着时间的推移，事物最终向着动态均衡迈进，而一般的博弈论更加强调静态和比较静态的均衡实现。可以看到，演化博弈和生物进化论之间存在着相似之处，而且它也曾经合理地对某些生物进化过程中的现象进行了解释，在现代，它又被经济学家运用到社会研究中，对于一些社会制度和规范的形成过程以及影响因素能够很好地进行解释，故而也逐渐被应用在经济现象的分析中，演化成为经济学中一个新的分支。演化博弈是探究研究对象随着时间变化的动态演化过程，以及研究群体最终实现的动态均衡状态是什么和如何实现这一状态。在这个动态演化过程中研究对象实现动态均衡的路径会受到具有随机性的因素影响，从而展现出扰动现象，同时又在变化中呈现一定的规律性。由于存在一定的规律性，因而演化博弈理论可以解释或者预测博弈参与方在动态演化过程中的选择行为，但也要注意，除了存在惯性，整个过程中还存在突变过程，这会使演化过程出现新的特征。应用于经济学中的演化博弈主要是分析微观主体的动态演变过程，在这个过程中主体会发挥主动性模仿和学习他人的行为。但是经济学中的演化博弈应用和生物现象存在区别，存在一部分生物进化的理论并不适用于经济学理论，生物学中的基因遗传、染色体等有着较强的领域性，并不适合应用于经济学中。

通过上述分析可以总结演化博弈的特征如下：第一，研究博弈中的群体在动态演化过程中所表现出来的行为以及达到均衡状态的路径和原因；第二，在演化过程中除了模仿其他参与者调整自身行为还存在突变过程；第三，当群体达到博弈均衡时，在今后的博弈过程中会倾向于原先的行为路径，存在一定的行为惯性。

1. 复制动态

个体在动态演化运动过程中，均衡的实现不是一下子就达到的，而是需要经过很多次的博弈和不断调整才能实现。因此，初始状态会通过影响个体的运动路径从而对实现均衡产生影响。此外，个体在实现均衡的过程中可能会出现多个均衡状态，但并不是每一个均衡状态都是稳定的，最后的稳定状态下的均衡一定在每个博弈方之间存在同样的预期实现机制，才会最终被所有博弈方接纳。因此，在面对多个博弈均衡时，可以通过向前归纳法找到精炼均衡，演化博弈假定参与主体不完全理性，可以在动态演化过程中调整自己的行为，正是由于这种动态变化和调整的机制让存在多个均衡的博弈中能够实现最终的精炼均衡。根据策略支付与平均支付之间存在的关系，可将复制动态方程分为最常见的三种：当所有大于整个博弈平均支付的纯策略之间存在正向增长，而小于整个的平均支付水平的纯策略是负向增长时，将其称为正支付动态方程；当在整个博弈中，存在一个策略不管是纯策略还是混合策略的支付都大于另外一个策略的支付，那么它的增长率也大于另外一个的增长率，称这种动态方程为单调动态方程；当存在某些策略支付要比群体的平均支付高且有着正向增长率，称之为弱正支付动态方程。从定义可以看到，第三种支付动态方程所包含的范围不仅更广，而且包括了第一种和第二种。

2. 演化均衡

复制动态方程作为在演化博弈中寻求均衡解的中间概念应用广泛且是重点概念，除此之外，还有另外一个和均衡解相关的概念，即为演化均衡，它和复制方程并不完全是同一个概念。当演化博弈中的博弈方面对同样的策略选择时，若是其中一个博弈方改变策略所获得的收益并不会比现在更好，或者说更好的概率较小，那么其他博弈方在看到这种情况下就会认为现有的策略选择更好，不会改变当前策略，此时原策略对于博弈体系来说是一个稳定均衡策略。

第三节 低碳经济与低碳技术创新

一、绿色低碳经济

（一）绿色低碳转型

绿色发展的目标是和谐、效率、可持续，促进经济增长和社会的发展是其本质要求；低碳转型就是用更加清洁、消费量更少的能源来支撑经济社会的可持续发展，其中能源绿色化问题是低碳转型的核心。因此，绿色低碳转型就是将目标定为效率、和谐、可持续，并且希望用更加清洁、消费量更少的能源去支撑经济社会可持续发展，达成人与自然和谐发展的目标的一种新的转型模式。

对于制造业绿色转型，很少有文献对其有明确的定义。张翔（2013）等将制造业绿色转型定义为由传统的制造模式逐步变为既考虑环境又考虑效益的全新制造模式①。在卢强（2013）等的文章中，绿色转型目标的实现被认为是经济与环境的双赢，其基础是有效利用自然资源和环境友好的生产和活动，绿色转型目标改善生态环境的可持续性方面发挥了关键作用②。王勇、刘厚莲（2015）认为，提高生产活动的可持续性和促进能源的有效利用被认为是工业绿色化的关键③。

综合上述研究者的观点，本书将绿色低碳转型定义为：面对生态环境的压力、生态文明建设的要求和“双碳”的目标，迫切需要转变生产方式，从而推动行业朝着绿色低碳的目标进一步转型。作为绿色经济的重要组成部分，企业绿色低碳转型以绿色低碳发展的理念为基础，由原本传统的、粗放型的生产方式向“四低”，即低投入、低能耗、低污染、低排放，以及“四高”即高效益、高质量、高效率、高产出为特征的发展模式转变的一个过程，也就是转向资源要素的投入与消耗降低、碳排放和污染排放减少、行业对生态环境影响逐步降低、经济产出高质量、资源利用率和绿色全要素生产率提高、高质量发展和可持续发展能力增强以及经济、社会、环境、生态效益的协调统一的过程。

---

① 刘钻扩，辛丽．“一带一路”建设对沿线中国重点省域绿色全要素生产率的影响［J］．中国人口·资源与环境，2018，28（12）：87－97.

② 陈仕华，卢昌崇，姜广省，等．国企高管政治晋升对企业并购行为的影响——基于企业成长压力理论的实证研究［J］．管理世界，2015（09）：125－136.

③ 李小奕．税式支出、官员激励与制造业绿色转型［J］．税收经济研究，2022，27（03）：59－69.

（二）绿色经济理论

绿色经济是一种全新的经济发展模式，它的本质其实就是使经济与自然生态环境能够协调发展，这不仅仅是为了满足我们这一代人的需求和社会经济的发展，还关系到下一代人的生存。因此，绿色经济理论的具体内容为：首先，它把人放在核心位置，这说明不仅在当下这个时代绿色经济要使自然与人之间能够和谐相处，同时也要考虑到下一代人，这样能够更好地实现和满足发展的需求和人类美好生活的目标；其次，它鼓励经济向绿色经济方向发展。绿色经济的概念本身就包括可持续发展的理念，这与以往的经济发展模式不同，是一种新的经济发展方式。丰富的自然资源的投入是经济能够快速发展的原因之一，但过度消耗自然资源反而对经济的持续发展有着负面影响，因此绿色经济的出现要求人类社会以及经济要在自然资源可最大利用的范围内发展，绝不能以破坏环境为代价，同时要求自然资源的利用率尽可能达到最高。绿色经济推崇产业结构转型的方式有很多，但它侧重于技术的革新以及提升自然资源的使用效率；一是有利于自然资源开采数量的减少，维护生态环境的平衡；二是能够使得企业在与原来相同资源的基础之上创造出更多的产品，优化资源的分配；三是要求自然资源能够被公平地使用。

近年来，在经济发展方面我国一直在努力地向发达国家看齐，并希望能够在这方面超越部分国家。实施绿色经济是将环境和经济发展统一起来，避免以环境恶化为代价发展经济，除此之外也是促进绿色低碳产业转型，进一步加快新型工业化步伐的好办法。

二、低碳经济与低碳技术改造

（一）低碳经济的概念与特征

低碳经济是人类社会文明的重大进步，这种经济模式的基础是低能耗、低污染和低排放[①]。真正的低碳经济既要发展经济社会，也要实现高效利用资源和低碳（或无碳）开发能源。新能源技术、减排技术、产业结构调整、制度的改革以及人类观念的转变是低碳经济的核心。近年来，能源消耗带来的环境问题越发严重。各项科学研究成果已经表明，造成全球气候问题的元凶就是温室气体的排放。在此背景下，“低碳城市”“低碳社会”“低碳经济”“低碳发展”“低碳技术”“低碳生活方式”“碳足迹”等一系列涉及低碳的概念和政策相继产生。新时代生态文明建设必然是注重能源和经济的相互关系，实现绿色低碳可持续发展。改变旧的传统增长模式，应用符合新时代发展要求的技术与机制，实现社会绿色低碳可持续发展。低碳经济在社会性的前沿经济中没有明确定义，但是低碳经济也涉及多种产业领域和管理领域。因此，低碳经济具有四个主要特征[②]。

一是目标性。低碳经济就是通过调整当前的能源结构，提高能源的利用率，降低高碳

① 刘再起，陈春．低碳经济与产业结构调整研究［J］．国外社会科学，2010（03）：21－27.

② Sabine Fuss. Fuel price and technological uncertainty in a real options model for electricity planning［J］. Applied Energy，2010（87）：2938－2944.

能源的使用率，从而减少二氧化碳的排放量的一种新型经济模式。

二是经济性。低碳经济是一种在一定时间内追求最大产量与最低成本并存的经济方式。

三是技术性。研发和使用新技术和低碳技术是发展低碳经济的手段。

四是全球性。世界各国对低碳经济的特点持不同看法，但可以归纳为以下几类：提高能源的利用率，降低高碳能源的使用率，从而减少二氧化碳的排放量；在保持经济增长的同时，提高能源效率，减少废气排放；发展低碳经济的主要手段是低碳技术创新；发展低碳经济的重要举措是不断开发与利用可再生能源；围绕低碳经济开展相关制度创新与法律体系建设。

（二）低碳经济的发展路径

目前，全球环境问题日益严重，未来全球经济发展的主流趋势必然是实现低碳经济，我国根据国情可以从以下四个方面发展低碳经济①。

1. 加大可再生能源的开发和利用力度

过去为了提高经济发展速度，我国大规模开发不可再生资源，造成煤、原油、天然气等非可再生能源资源消耗巨大且储量日益减少。我国的能源危机因为非可再生能源的大量持续出口变得越发严峻。所以，推动低碳经济发展，加大可再生能源的开发和利用力度是必由之路。可再生资源具有储备充足且污染小的特点，拥有天然的竞争优势。当前，我们国家能够利用的可再生资源种类丰富，包括太阳能、风能、地热能、生物质能、水能、潮汐能、海洋温差能等，这些可再生资源是低碳环保经济发展的有力抓手。所以，加大可再生能源的开发和利用力度是未来我国减少环境污染、应对全球气候变化的重要手段，是增加就业、促进工业发展的重要措施，也是在国际上吸引投资、提高竞争力的重要领域。

2. 提高能源的利用效率

能源利用率的最大化是发展低碳经济的主要举措，可以通过以下三种途径实现能源的高效利用：一是对生产阶段的工作程序进行精减，降低不必要的能源消耗，这也是一种高效利用能源的基础手段；二是最大限度地对能源进行回收；三是高效地使用非可再生能源产生的热能。以上方法在一定程度上缓解了我国的能源危机，降低了对能源的依赖，助推中国从粗放型经济向集约型经济转型，是低碳经济的发展方向之一。

3. 对产业结构进行优化

目前，我国三大产业的发展失衡严重，在我国产业结构中，加工制造业即第二产业的占比超过了50%，而我国的第二产业往往耗能高、污染重。相比于第二产业，劳动力密集型的第一产业和第三产业属于低碳产业，对环境更友好，造成的污染较小。聚焦我国基本国情，第一产业和第三产业应为优先发展产业，特别是第三产业能够带来更多的就业机

① 王婷婷．环境约束下电力行业能源效率研究［J］．中国人口·资源与环境，2015，25（03）：120－127.

会，助推我国经济增长速度。此外，对高排放产业要设置严格的门槛，高标准进行碳排放的监测，从而实现低碳经济的可持续发展。

4. 引进与开发新能源技术

当今，世界经济发展的主流趋势逐渐演变为以低碳经济为手段。我国与发达国家相比，新能源技术成效滞后。因此，我国要与具备先进技术的国家进行深度合作，取长补短，引进其先进的低碳技术，同时要强化自身新能源技术的开发力度，切实站在与世界发展相融合的高度去助推我国低碳经济的快速、高质量发展。

（三）低碳技术改造项目

目前我国火电技术改造项目积极响应国家节能环保低碳政策的引导与号召，多数以“低碳降耗”为出发点，故统称为“低碳技术改造项目”[①]。火力发电技术改造项目是指在现有基础上，通过对锅炉、汽机等主体设备和辅助设备进行更新，以及对控制系统进行升级改造，从而增加设备的利用率，提高机组安全稳定经济运行的能力，降低运营成本，减少原辅料的消耗与大气污染物的排放，最终取得收益。

1. 低碳技术改造项目的特点

火力发电以煤炭作为一次能源，通过煤炭在锅炉燃烧时产生热量转化为高温高压蒸汽，将燃料的化学能转变成热能，汽轮机在蒸汽压力的推动下开始旋转，于是热能进一步转换成为机械能，随后发电机在汽轮机的带动下开始旋转，机械能继续转换成电能的能源转换过程。低碳技术改造通过有效的技术手段，使各环节中能源消耗和污染源排放得到合理的控制，并且尽可能地减少能源的浪费，最终达到节能降耗的目的。

2. 低碳技术改造项目的分类

（1）锅炉改造项目：主要指通过调整锅炉的燃烧参数以提高锅炉的热效率等技改项目。

（2）汽轮机改造项目：主要指优化汽轮机的真空系统技改项目。

（3）水处理改造项目：主要指通过提高水处理系统的补给水回收率等技改项目。

（4）辅助系统改造项目：主要指更换调整辅助系统设备等技改项目。

三、低碳发展理论与路径

（一）低碳发展理论

对低碳经济概念的界定是研究低碳发展理论的基础。“低碳经济”一词首先出现于英国的能源白皮书，即《我们未来的能源——创建低碳经济》。能源白皮书中说，发展低碳经济能够减少使用自然资源，减少环境污染，从而达到更高的经济水平，两个“减少”和一个“更多”成了低碳经济的典型特征。世界银行首席经济学家尼古拉斯·斯特恩

① 杨胜．火电机组灵活性改造技术经济评价研究［D］．北京：华北电力大学，2021.

(Nicholas Stern) 通过调查指出，全球每年付出一定的经济投入，在未来会降低数十倍的经济损失，并呼吁各个国家和地区都要走低碳发展的道路。

一些学者认为，低碳经济是一种发展模式。英国环境学家鲁宾斯德（Rubinsde）认为，低碳经济是一种全新的经济发展模式，其通过科技创新来实现减排的目标，它必须依靠政府的强制实施。徐玖平和卢毅（2011）指出，低碳经济是一种低投入、低排放、高效益的经济发展模式[①]。甄志勇等（2019）认为，低碳经济是以较低的能量流支撑生产和生活的经济，是能源消耗低、排放低的一种发展模式[②]。邬彩霞（2021）提出了一种新的低碳经济理念，即通过技术创新、制度优化、产业升级、清洁能源开发等一系列可行的方法来使能源的使用效率最大化，同时有效地减少二氧化碳的排放量，以缓解全球气候变化，促进经济和环境协调发展[③]。

另外一些学者认为，低碳经济是一种经济形态。李建建和马晓飞（2009）将低碳经济视为"三低"的经济形态，即能耗低、排放低、污染低[④]。低碳经济是一种新型的经济形态，降低温室效应的同时可以提高经济效益[⑤]。低碳经济是一种属于可持续发展范畴的经济形态[⑥]，是一种融合了生态经济和循环经济两种经济形态范畴的新经济形态，它以碳排放的降低为主要标准，在这种经济形态下，企业温室气体的排放得以降低，工业生产的生态效益逐渐提升[⑦]。

作为一种新的经济发展模式，低碳经济具有哪些特点这一问题也成为学术界学者研究的重点。任力（2009）[⑧] 总结了各国学者对低碳经济的理论研究成果，提出了低碳经济的五大特征：一是三低，即低能耗、低排放和低污染；二是两分离，经济增长与能耗增加分离、经济增长与污染排放增加分离；三是以技术创新为低碳经济发展的主要驱动；四是开发和利用新能源是主要举措；五是相关法律法规体系及制度体系的建立是保障。陈兵等（2014）[⑨] 同样在总结全球低碳经济发展实践的基础上，提出了低碳经济的五大特征：一是生态安全系数更高；二是从产业结构、能源结构到生产生活等各个方面低碳化是低碳经济的全部；三是低碳经济必须经过倒 U 形的发展轨迹；四是政府和市场都要在低碳经济发

① 徐玖平，卢毅．低碳经济引论［M］．北京：科学出版社，2011.

② 甄志勇，尚杰，高巍．企业低碳化发展路径研究［J］．学习与探索，2019（07）：126－131.

③ 邬彩霞．中国低碳经济发展的协同效应研究［J］．管理世界，2021，37（08）：105－117.

④ 李建建，马晓飞．中国步入低碳经济时代——探索中国特色的低碳之路［J］．广东社会科学，2009（06）：43－49.

⑤ 孙桂娟．低碳经济概论［M］．济南：山东人民出版社，2010.

⑥ Hafeznia，H.，F. Pourfayaz，and A. Maleki. An assessment of Iran's natural gas potential for transition toward low－carbon economy［J］. Renewable and Sustainable Energy Reviews，2017，79：71－81.

⑦ 唐慧玲．低碳经济背景下绿色供应链中政企博弈的研究——基于企业自主减排的目标［J］．当代经济科学，2019，41（06）：108－119.

⑧ 任力．低碳经济与中国经济可持续发展［J］．社会科学家，2009（02）：47－50.

⑨ 陈兵，朱方明，贺立龙．低碳经济的含义、特征与测评：碳排放权配置的视角［J］．理论与改革，2014（05）：63－68.

展的过程中发挥作用；五是技术创新是低碳经济发展最有力的助推器。

综合以上学者对低碳经济特征的研究，本书认为，低能耗、低排放、低污染、高效能、高收益是低碳经济最基础的特征，而技术创新则是低碳经济的根本动力，在低碳经济的发展中，市场应发挥决定性作用，而政府也应该从政策制定、法律法规制度等宏观层面实施引导，低碳经济的发展是一个复杂、相互影响的体系。

（二）低碳发展路径

随着低碳经济从理论研究到实践的不断深入，不同国家、不同地区在低碳发展上的实践尝试也不尽相同，但凡是符合具体国情的、能够实现低碳发展目标的，都是有效的低碳发展路径。学术领域内学者们对低碳经济发展的研究也逐渐从概念层过渡到实践层，对低碳经济的发展道路进行了深入的探讨。当前，我国的低碳经济发展道路可以划分为宏观与微观两个层次。

首先，在宏观层面的研究上，学者们主要是从政府角度或地区角度来开展理论研究。徐冬青（2009）① 以西方发达国家发展低碳经济的有效尝试为例开展了理论研究。一是宏观政策和法律体系是低碳经济发展的方向盘。英国率先提出了发展低碳经济，其低碳经济的发展主要依赖于政府的政策导向和法律规范，而日本的情况与英国类似，在发展低碳经济方面政府的政策和法规制度起着越来越大的作用。二是技术创新是推动低碳经济发展的动力。欧盟、日本和美国等国家十分重视技术创新对低碳经济发展的影响，其中欧盟对绿色、清洁、高效的新能源技术十分看重，相关研究在世界范围内处于领先水平。美国政府则十分重视温室气体排放控制技术的创新，成立了专门机构。三是重视可再生能源的开发利用。四是税收、补贴等经济手段也在一定程度影响低碳经济的发展。更多的学者把研究目光聚焦在了我国国内宏观层面低碳经济的发展。鲍健强等（2008）② 认为我国低碳经济的发展需要从五个方面着手：一是推动产业结构优化升级，优先发展低碳产业；二是推动工业、农业生产动能来源的革新，减少化石能源的消耗；三是发展低碳工业，实现人类高碳排放活动的低碳化；四是建设低碳城市，压缩城市生活的碳排放；五是通过植树造林等人类活动恢复自然生态。徐建中和张楠（2019）③ 以我国黑龙江省为例，对黑龙江低碳经济发展路径进行了研究，指出政策支持、市场拉动、技术驱动是当前黑龙江低碳经济发展的路径选择，并提出了深化低碳理念、搭建低碳平台、加快技术创新和完善服务体系等四条推进黑龙江低碳经济发展的建议。殷贺等（2020）④ 从中国技术创新对低碳经济发展驱动作用角度出发，分析了低碳技术创新对碳排放的抑制作用。学者们从宏观的政府的角度出发，对低碳经济发展路径进行研究，充分证明了政府在推动低碳经济发展中的重要

---

① 徐冬青．发达国家发展低碳经济的做法与经验借鉴［J］．世界经济与政治论坛，2009（06）：112—116.

② 鲍健强，苗阳，陈锋．低碳经济：人类经济发展方式的新变革［J］．中国工业经济，2008（04）：153—160.

③ 徐建中，张楠．低碳经济背景下黑龙江省制造业低碳转型发展研究［J］．商业研究，2019（04）：90—96.

④ 殷贺，王为东，王露，等．低碳技术进步如何抑制碳排放？——来自中国的经验证据［J］．管理现代化，2020，40（05）：90—94.

作用。

其次，在微观层面上，一些学者则从企业角度对企业低碳经济的发展进行了研究。任相伟和孙丽文（2020）认为企业低碳发展的路径应该包括低碳理念的确立、规章制度的完善及产业链的低碳升级，产业链的低碳升级中，设施的低碳升级显得尤为重要①。于法稳和林珊（2022）认为企业低碳发展是应对全球气候变化的必然选择，企业要实现低碳发展，其路径主要包括理念的转变、技术的创新、能源结构的调整、体制机制的完善等②。通过对学者从企业这一微观层面低碳发展的理论研究总结得出，企业低碳发展的主要路径大致分为理念的确立、技术的创新和以低碳设施为主的产业生产链条的低碳升级。

总之，宏观政府层面的低碳经济发展会影响到企业的低碳战略选择，而企业的低碳发展也会对政府的低碳经济发展起到助推作用。具体到企业中，政府宏观层面的引导和支持将通过对企业行为的影响来推动企业的低碳发展。

四、外商投资与低碳技术创新

（一）相关理论

1. FDI 的技术溢出效应

近年来，随着制造业投资的增长速度逐渐超过国际商品贸易的流量，外商直接投资（Foreign Direct Investment，FDI）的流动甚至变得比国际贸易还要重要。FDI 能为东道国带来经济增长、就业岗位和技术输入已是不争的事实。当东道国企业对贸易进行限制时，FDI 通常是企业在当地直接从事生产而进入市场的主要途径。

通常情况下，当认为 FDI 对东道国的企业存在技术溢出时，默认 FDI 具有比东道国企业平均而言更先进的技术水平。该假设目前受到两大理论的支持，其一是垄断优势理论，其二是国际生产折中理论。垄断优势理论认为，FDI 是结构性市场不完全的产物，在这种市场条件下，垄断企业能获得技术、规模经济、资金、组织管理能力等方面的优势，这些优势促使了该企业进行对外直接投资（江小涓和杜玲，2001）。也就是说，当企业在生产技术、管理与组织技能及销售技能等无形资产方面存在知识资产优势时，他们更倾向于进行 FDI。国际生产折中理论认为，企业拥有的所有权优势、内部化优势和区位优势决定了企业是否从事跨国投资，只有三种优势兼而有之才会选择 FDI，否则可能选择出口或者技术授权。因此，基于这两大理论，通常情况下有理由认定从事 FDI 的跨国企业会相对东道国企业具有更高的技术水平，即存在技术溢出的可能性。

所谓的技术溢出是指由于技术创新外部性所导致的，进行技术创新活动的创新主体，如跨国企业等，为其他经济体，如东道国的企业等，带来知识和技术进步等效益，而自己

① 任相伟，孙丽文．低碳视域下中国企业绿色转型动因及路径研究——基于扎根理论的多案例探索性研究［J］．软科学，2020，34（12）：111－115＋121.

② 于法稳，林珊．“双碳”目标下企业绿色转型发展的促进策略［J］．改革，2022（02）：144－155.

却并未从溢出中得到任何收益和回报的经济现象。技术具有很强的正外部性，当知识产权保护并不是十分严格时，企业很容易通过逆向工程等方法获得其他企业的先进生产技术用以提高自身的竞争优势。

当具有先进技术的跨国企业进入东道国市场时，技术溢出一般而言会通过以下五个渠道发生。

其一是逆向工程。逆向工程主要依赖跨国投资在本土生产销售的产品可以被二次拆解或研究，通过反向演绎推理，本土厂商能从市场上的产品中获得先进的生产工艺、流程、功能特性或者规格等关键生产知识，并在其基础上进行模仿创新，改进其不足，从而达到提高自身创新水平的目的。正是由于逆向工程的存在，只要产品存在于市场上，当知识产权保护并不完善时，就存在一定程度的技术溢出。

其二是竞争效应。即东道国的企业由于受到外来进入者的冲击不得不采取加强创新的方式提高自身的竞争优势，从而在竞争中实现技术进步的一种效应。竞争效应相比其他溢出渠道而言对东道国企业的自主创新能力的刺激作用最明显。但竞争效应的影响在很多情况下并不是确定的，也有研究发现当跨国企业的市场力量过于强大时，激烈的市场竞争反而会使国内企业陷入价格战的恶性竞争之中，同时过低的利润也不利于国内企业扩大创新投入，从而引发竞争挤出效应。

其三是示范效应。即通过模仿跨国企业的产品进行模仿创新从而提高自身的技术创新实力。示范效应和逆向工程一样，仅仅是跨国企业的产品存在于市场上就有可能产生。由于技术创新活动本身的不确定性较强，存在失败的风险，因此国内企业在选择创新策略时通常会更为谨慎。但当跨国企业将已经在本土市场得到过检验的产品转向东道国销售时，这些产品就能为本地企业提供良好的模仿创新方向，为本地企业节约了市场调研、技术可行性分析等前期创新投入，同时有利于提高创新成功的概率。

其四是人员流动。即曾经在跨国企业从事与技术运用紧密相关职位的员工从跨国企业流动到国内企业的过程中，将技术知识等一并带入新企业的流动渠道。该渠道通常依赖于良好的国内企业人才吸引政策，受过良好技能训练的职工作为知识的载体，可以发挥促进创新要素流动、提高本地企业自主和模仿创新能力的关键作用。

其五是联系效应。即跨国企业在东道国从事生产经营时，与上下游的企业产生联系，或通过前向联系，即与下游企业建立交易关系，或通过后向联系，即与上游企业建立供应关系，从而使得技术在上下游企业间传播的一种溢出渠道。上游企业为了能承接更高精尖的跨国企业生产任务，就有动力提升自身的技术能力，下游企业则由于得到更尖端技术设备的支持或采用更先进的元器件而具有更强的研发创新潜力。

2. “污染光环”假说

随着 FDI 区位选择相关研究的不断深入，两大与环境有关的 FDI 区位选择理论主要是“污染天堂”假说（Pollution Heaven Hypothesis）和“污染光环”假说（Pollution Halo Hypothesis)。“污染天堂”假说认为，FDI 更倾向于选择环境规制水平更低的国家，因为更弱的环境监管有利于其降低生产中处理环境污染物的成本。如果该假说成立，FDI会加剧东道国的污染水平。“污染光环”假说认为，FDI不会倾向于选择环境规制水平更低的国家，相反，更高的环境规制水平有利于其在东道国发挥清洁生产优势，FDI在东道国存在低碳技术溢出效应，跨国公司在这一过程中转移了低碳技术和绿色管理经验，并提高了东道国的环境标准。一般认为，低碳技术包括减少污染的技术、使用可再生能源的技术和减少对传统化石能源需求的高效能源技术，绿色管理经验包括环境管理系统等。这种假设是合乎逻辑的，因为通常情况下部分外国公司可能会采用更环保的技术，平均而言，这种技术每单位产出可能产生更少的污染物排放。这一方面是由于跨国公司通常在体量上比国内公司更大，这意味着它们可能更有机会获取研发和职工培训所需的资源，并承担更多的社会责任，例如环境保护等；另一方面是由于外国公司可能在母国就已经接受了更为环保的生产管理体系，例如采用诸如ISO140014之类的环境管理实务和认可计划，当它们将生产转移至发展中国家时，会倾向于沿用更熟悉的管理体系。如果“污染光环”假说成立，则FDI应当减轻了东道国的污染水平。

事实上，不管是“污染天堂”假说还是“污染光环”假说，均有大量文献对其提供了从理论到实证的依据，因此更合理的情况可能是二者同时存在，即FDI的进入从绝对量上增加了污染物的排放，但从相对量上有利于平衡经济发展与环保压力。在长期均衡中，二氧化碳（Carbon Dioxide，以下简称CO_2）排放呈现出能源消费弹性，而FDI非弹性，在不损害国家竞争力的前提下，通过管理能源需求和FDI、增加能源供应和能源效率方面的投资可以帮助减少CO_2的排放。当加大外国投资资格审查或通过与外国公司协调的专门知识和技术转让促进环境保护时，可以避免FDI对环境造成损害。FDI可以直接导致CO_2浓度的上升，但FDI通过经济增长产生的溢出效应又表明FDI可以降低CO_2浓度。

（二）FDI对低碳技术创新的影响机制

以上理论显示FDI对本国企业创新的影响主要有以下几个方面：(1) 水平影响，包括示范效应、培训效应和竞争效应；(2) 垂直影响，包括前向联系效应、后向联系效应、基于垂直的水平溢出效应。而这些理论成立的前提是，FDI企业比东道国企业具有更先进的技术。因此，如果要证明FDI存在低碳技术溢出效应，首先需要证明外国企业相比本土企业在低碳技术的发明和应用上表现得更好。与“污染光环”假说相关的理论已经表明，采用FDI的母国企业通常被认为具有更先进的技术、更雄厚的资金和更庞大的科研团队，因此往往会比本土企业采用更节能的生产技术；FDI企业的母国往往比东道国实施更严格的环境条例，因此FDI企业会比本土企业更多地投入和应用低碳技术。因此，满足FDI低碳技术溢出的前提假设，在此基础上进一步考察FDI的低碳技术溢出路径。

首先，本土企业能通过学习和模仿外资企业的低碳技术获得溢出。一方面，尽管由于低碳技术可能具有更高的技术含量和经济价值，导致母公司对其进行的控制和知识产权保护将更加严格，但只要市面上存在低碳技术和产品，本土企业就有可能从中进行模仿创新。另一方面，由于 FDI 带来了低碳技术和低碳管理方式，仅仅是这些新技术和管理经验的出现就能够激发本土企业的模仿创新。除此以外，大多数的低碳技术开发都具有很强的市场不确定性（例如碳捕获——碳封存技术），使得许多投资者望而却步。而 FDI 引入的低碳技术经过了母国市场的检验，能有效缩短本土企业在寻找低碳发明路径时反复试验的时间，将开发和推广创新技术的成本大大降低，从而提升了低碳技术创新的研发绩效与投资回报，激励东道国企业也从事低碳技术创新研究。

此外，通过与上下游的企业建立供应或买卖关系，外资企业能间接地影响同行业的国内厂商，产业间的生产链可能给国内企业低碳技术创新提供模仿和学习机会。跨国企业来东道国建厂生产，势必要同东道国的部分企业建立供应链关系以降低生产成本，充分利用就近资源的优势。此时，为东道国提供元器件等中间产品或加工生产设备组装部件的供应商就有可能通过后向联系的方式接触到跨国企业的先进低碳生产技术，例如使用热泵的中央供暖系统的关键技术可能由跨国厂商控制，但凭借跨国公司自身生产所有元器件在如今专业分工细化的当下已经并不常见，当接到生产订单的厂商获知其半成品的加工需求时，就能够吸收一部分与低碳相关的知识，从而提升自身的低碳技术创新水平。

这一学习过程也可能发生在前向联系中。前向联系主要出现在跨国厂商生产出的产品被二次用于国内厂商生产半成品或最终品的使用过程中。前向联系同后向联系相比可能产生更大的技术溢出，因为厂商交付的是含有全部低碳技术的产品，因此下游厂商可以通过逆向工程学习到大部分的低碳技术知识，并通过需求反推相关的技术内核，而且由于有了更先进设备的支持，下游厂商的技术创新将更加容易。拥有了低碳设备和低碳知识的下游厂商如果想要开展低碳技术创新，他们将比那些不与跨国企业产生交流的国内厂商更具优势。

这样一来，上下游企业通过建立合作关系获知了部分跨国厂商的低碳技术知识，并将其应用至自身的产品生产中，通过与国内厂商建立起新的合作关系从而将这部分低碳生产知识传递至国内企业。同时，上下游企业接触到了海外企业的低碳理念，并通过与国内厂商的合作交流传递了这部分低碳生产理念，从而激发了模仿效应，使得国内企业加大对低碳技术创新的投入。

其次，本土企业会由于外资企业的进入而被迫从事低碳技术创新。就低碳技术创新而言，跨国公司的进入可能会提高本地的环境规制水平。相关研究表明，FDI 流入地区由于总体碳排放水平的提高，环境规制强度也会随之上升，因此本地企业面临的环境规制环境也将随之变得更加严格，倒逼其进行低碳技术创新。另外，FDI 流入伴随着国际环境认证系统的引入和传播。随着 FDI 的流入，东道国整体的环境意识可能会被增强，从而在低碳领域形成新的竞争赛道。FDI 企业生产的低碳产品会随着东道国居民环保意识的逐步增强而更加受到市场的欢迎，这意味着本土企业为了应对在低碳方面的挑战，将增加对低碳技术创新的投入。

最后，本土企业可能从低碳技术创新人员的流动中获得好处。国外公司要想在东道国应用低碳技术，必须对当地技术及管理人员进行培训，或直接雇佣当地人从事新技术的研发。当这部分人员流向东道国企业时，低碳技术溢出就会产生。值得注意的是，随着发展中国家越来越意识到吸引外资在自身经济发展中起到的关键作用，其开始在提供更好的营商环境等方面做出努力，甚至是直接吸引外资企业将自身的研发机构设立在东道国，即外国投资创新。例如，中国上海就在积极地设立全球性研发中心和开放式创新平台以吸引外资企业在华设立研发中心。部分跨国公司甚至在不断提升上海研发中心在其全球战略体系中的层级，或直接在上海设立全球性或区域性研发中心。此类投资经由培训效应渠道带来的技术溢出最为可观，因为其对东道国相关技术人才的培养最为直接，并且促进了东道国各类科研机构与企业间的合作，提高了整体人才科技水平。

（三）基于智慧城市调节效应的影响机制分析

在城市的众多特征中，智慧城市是那些广泛使用ICT来简化城市设计、建设、管理和运营的城市。例如，新加坡是一个典型的智慧城市，政府可以通过遍布城市的传感器实时监测能源使用和污染排放，并随时通过移动网络与企业和人们交流数据。智慧城市对各种经济活动具有调节作用，例如，智慧城市调节了建立绿色供应链的环境效益，并帮助个人将对环境污染的认知转变为对生态友好的消费行为。

智慧城市建设的这一特点使其放大了FDI的低碳技术溢出的效果。其中之一便是充分利用物联网对城市运行进行数字化的监控。例如，通过智能电表、能源监测和反馈系统使城市能源消耗更可视化，通过分布细颗粒物（Fine Particulate Matter，PM2.5）传感器使得区域雾霾浓度变得清晰可查，这使得更严格的政府监管成为可能。这意味着当FDI通过提高当地环境规制水平倒逼国内企业进行低碳技术创新时，智慧城市建设加剧了环境规制水平随FDI提升的速度，因此相比非智慧城市而言，智慧城市具有更强的环境规制能力，其引发的技术溢出将更为显著。

智慧城市所构建的城市数据库还能及时提供能源消费状况、空气质量和二氧化碳排放等信息。这意味着所有的供应商、消费者都能参与环境治理，这提高了企业采取违反监管的环境不友好行为的风险。更严格的政府监管和消费者偏好的转变会加剧企业在低碳赛道的竞争，这意味着国内企业不得不为了应对具有低碳优势的FDI企业的进入而加大对低碳技术创新的投入。

从另一个方面来看，智慧城市可能使企业与其利益相关者（企业、政府、标准和技术机构和公民）的联系更为紧密。这加速了低碳技术创新知识在不同群体之间的流动。在以往的研究中，智慧城市是一个城市的创新生态系统，具有灵活的制度结构和综合参与的治理模式。不同利益相关方之间积极地互动和协作以创造财富，促进创新。在这个系统中，知识的流动将更加容易。除此以外，智慧城市通常会创建技术中心，以研究中心、初创企业孵化器和加速器以及创新园区的形式促进知识共享，这表明经由政府牵线搭桥，FDI企业能建立起与国内优质供应商的合作关系，将有利于低碳技术和知识的传播，并进一步推动FDI的低碳技术溢出效应。

第二章　低碳技术创新与发展现状

第一节　低碳技术创新与发展的现状分析

一、低碳技术创新与发展的意义、成效、困境和方向

（一）低碳技术创新与发展的意义

第一，加快低碳技术创新是推进生态文明建设的重要支撑。深入解决生态环境保护结构性、根源性问题，加快产业结构、能源结构、交通运输结构绿色低碳转型，突破生态文明建设领域核心技术关键难题，均需要完善低碳技术创新体系、加快低碳技术创新发展。

第二，加快低碳技术创新是贯彻落实新发展理念的战略要求。一方面，低碳技术创新是推动绿色发展、促进人与自然和谐共生的应有之义；另一方面，创新、协调、绿色、开放、共享是有机联系的，低碳技术创新是统筹谋划、一体推进新发展理念的重要支撑。

第三，加快低碳技术创新是实现高质量发展的题中之义。一方面，高质量发展是对我国经济社会发展的总要求，当前，我国生态环境保护仍然任重道远，成为高质量发展的卡点堵点；另一方面，推动我国经济社会发展绿色化、低碳化是实现高质量发展的关键环节。

第四，加快低碳技术创新，是全面建设社会主义现代化国家的内在要求。党的二十大立足国情特色，将促进人与自然和谐共生作为中国式现代化的本质要求之一，要求坚持可持续发展，坚持节约优先、保护优先、自然恢复为主的方针，实现中国式现代化。

（二）低碳技术创新与发展的成效

为支撑和保障生态文明建设迈上新台阶，我国大力推进低碳技术发展，完善低碳技术创新顶层设计、加大对低碳技术攻关的资源投入，推动应用模式不断创新，取得了积极进展与成效，如图 2-1 所示。

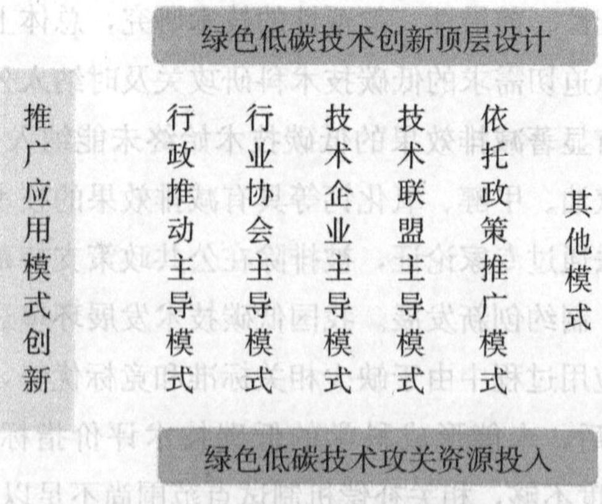

图 2-1　低碳技术推广应用体系

1. 低碳技术创新顶层设计不断完善，政策支持力度持续增强

国家层面出台了一系列构建市场导向的低碳技术创新体系的相关政策文件，对低碳技术创新发展提出了具体要求和一系列支持政策和工作举措。在推进绿色发展相关政策文件中，普遍将低碳技术创新作为实现其发展目标任务的重要支撑，推动低碳技术创新的工作要求落地。

2. 低碳技术科技攻关资源投入稳步增加，技术专利快速增长

在煤炭、工业、交通、建筑、新能源等领域关键核心技术攻关取得突破，煤炭清洁高效利用、新能源开发利用、新能源汽车、零碳建筑、智慧能源、氢能开发利用、碳捕集利用和封存等前沿科学方面的低碳技术水平不断提高。

3. 低碳技术推广应用不断强化，推广应用体系不断完善

政府部门以发布推广目录为抓手，连续多年遴选市场急需且具有实用价值的共性关键先进适用低碳技术。探索创新了政府补贴和政策倒逼的推广模式，以行业协会、企业为技术联盟主导推广模式，依托合同能源管理机制等六种技术推广模式。

基于低碳技术攻关和推广应用的系统推进，生态文明建设与我国经济社会发展实现了协调推进，扭转了以高能耗求快发展的被动局面，能耗强度上升趋势得到根本扭转，单位 GDP 二氧化碳排放水平显著下降，主要工业产品单位产品能耗水平持续下降，可再生能源发展水平不断提高。

（三）低碳技术创新与发展的困境分析

随着绿色发展的深入推进，低碳技术创新不断取得积极成果。作为全面建设社会主义现代化国家的内在要求，低碳技术创新发展逐步进入深水区，开始暴露出越来越多的深层次问题。

1. 低碳技术创新政策体系尚不完善

低碳技术创新未能把握当前新发展阶段系统、科学的路线部署，未能对前沿性、颠覆性和成熟性技术进行类型区分，对市场化条件较好和较大程度依赖公共政策的技术也未能进行科学的分类施策，导致低碳技术市场至今仍处于“大杂烩”状态，缺乏精准治理。低

碳技术创新，特别是基础性、前沿性、颠覆性的技术研究，总体上对公共政策支持有较高的依赖度。能否将有紧急迫切需求的低碳技术科研攻关及时纳入公共政策体系显得至关重要。但是，当前部分具有显著减排效果的低碳技术始终未能纳入公共政策支持范围之内。例如，二氧化碳加氢制汽油、甲醇、氧化钙等具有减排效果的技术项目在相关部门科技支持立项评审时，往往无法通过专家论证，被排除在公共政策支持范围之外。低碳技术推广应用政策体系建设滞后，制约创新发展。我国低碳技术发展环境还不够成熟，新兴低碳技术在市场推广和产业化应用过程中由于缺少相关标准和竞标优势，造成市场准入障碍。低碳技术评价研究探索滞后，未能形成科学的低碳技术评价指标及体系。低碳技术首台（套）装备使用的支持力度不够，相关补偿机制试点范围尚不足以支撑低碳技术首台（套）装备推广应用需求①。低碳技术创新政策体系尚不完善，制约了低碳技术创新空间的拓展。

2. 低碳技术创新保障机制不健全

低碳技术创新资金保障机制不健全，发展驱动力不足。资金缺乏是制约低碳技术科研攻关的首要问题。低碳技术创新投资回报期长、项目流动性差，投资存在较高风险，与风险投资、私募股权等社会资金的投资偏好不匹配，难以获得充足、稳定的融资支持。此外，碳市场金融创新能力不足，碳交易多以履约为目的，缺乏良好的面向市场、激励企业参与交易的运行机制，导致市场活跃度低，继而弱化了碳市场的价格发现和资金融通功能②。低碳技术推广应用的配套性保障机制不健全，低碳技术落地缺少风险共担机制。很多企业特别是电力、钢铁、石化、化工、有色、建材等行业企业，由于工艺流程长、安全系数要求高、新技术试错成本高等原因，对低碳技术推广应用投鼠忌器。低碳技术创新主体的考量重点存在冲突，作为自负盈亏的市场主体，企业往往将“能否降本增效”和“投资回报率”等视为推广应用新兴低碳技术的重要考虑因素。由于缺乏公正客观的权威评价，目前我国缺少针对低碳技术的通用标准规范，市场中的低碳技术评价较少且缺少统一组织，导致低碳技术评价验证结果良莠不齐，制约了低碳技术的推广应用③。

3. 低碳技术创新成果转化能力有待加强

目前低碳技术创新成果转化缺乏专业指导。现有的低碳技术创新中介服务市场尚不发达，服务功能单一，水平有待提升，缺乏专业的高水平科技转化服务机构。低碳技术产学研一体化融合深度不足，高校院所擅长做基础研究，但缺乏低碳技术产业化经验，大量成果局限为实验室研究结果，难以大规模投产和推广应用。同时，低碳技术创新成果转化专业化人才和管理团队较为缺乏，导致科研机构和企业难以将创新成果落地实施，无法有效促进资源整合。从企业角度看，低碳技术创新成果转化条件成熟度不高，转化能力不强。创新成果成功转化的关键因素是“研转产”的条件成熟，但低碳技术企业普遍缺少进行中

① 孙晓晨．以首台套政策为例看政采助力科技创新产品发展［J］．中国招标，2022（4）：29—32.

② 马文杰．绿色金融政策激励与市场发展［M］．上海：上海财经大学出版社，2021.

③ 辛升，公丕芹．节能技术推广存在的问题与对策研究［J］．中国能源，2018（12）：41—43.

试的条件和方法，存在技术和设备开发能力不足、工艺参数有待优化、仪器设备调试周期长等问题，中试技术批量少、风险高、效益差，在生产工业过程中存在薄弱环节，导致创新成果转化的成熟度低。

（四）低碳技术创新与发展的方向

研究低碳技术创新与发展要深入挖掘低碳技术的独特属性特征以及发展走向，本质上是"低碳技术从何处来，到何处去"的问题。

1. 来处：低碳技术的正外部性属性

外部性，也被称为外部效应或溢出效应等。关于外部性的研究最早可追溯到18世纪70年代，英国著名经济学家亚当·斯密在《国富论》中谈到公共工程和公共设施费用时率先意识到了"外部性"的存在。1890年，英国著名经济学家马歇尔发表《经济学原理》提出"外部经济"考察外部因素对自身的影响，成为"外部性"概念的起源。1920年，英国著名经济学家庇古出版《福利经济学》，系统论述福利经济学问题，并从福利经济学角度研究自身对外部因素的影响，拓展了"外部性"概念范畴。与一般技术相比，低碳技术是指相对于基准线情形，在提供同等产品和服务的同时还能够实现减少污染物排放的技术，属于环境友好型和生态提升型技术。由此可知，低碳技术攻关和推广应用会起到减少能源资源消耗、降低污染排放、改善生态环境的作用，进而达成绿色发展和生态优化的目标，具有典型的正外部性和类公共产品属性。因此，低碳技术创新发展具有其自身独有的规律特点。低碳技术攻关和推广应用同样面临着公共产品的一般困境。在一般市场中，低碳技术科研攻关和应用推广也面临着"报酬与代价"的决策评估。根据社会交换理论，社会交往过程是一个报酬交换过程，代价是社会行为所要付出的成本或造成的负面影响，比如基础设施配套障碍、投入风险承担、投资回报周期过长等，经济学上称其为"机会成本"。

提供最多报酬的事物往往对人们产生更大的吸引力，理性人也总是倾向于让社会交往为自己提供最大的报酬。如果缺乏稳定、有效的激励机制，低碳技术科研攻关和应用推广积极性必然遭到抑制，进而由于动力不足产生供给不足的问题。反之，低碳技术攻关和应用推广如能有效提高其预期报酬，则将显著提高相关主体的参与动机，使低碳技术攻关和应用推广有望提升低碳技术成果的进一步研发、推广、应用，逐步形成主动推进、报酬提升的良性循环。

以往针对正外部性产品问题有两种比较典型的解决办法。一是通过征税和补贴等手段实现外部效应的内部化。当前基础设施建设实行的是"谁受益，谁投资"，生态环境保护实行的是"谁排污，谁交费"和"谁污染，谁治理"，以及根据化石燃料燃烧后的碳排放量征收碳税等政策都属于这一方法的具体应用。二是明晰产权，创新"市场失灵"的解决方案。比如，生态环境保护领域的排污权交易制度及用能权、用水权、碳排放权等均是科斯理论的具体运用①，因此，低碳技术创新发展需要发挥“有为政府”和“有效市场”的共同作用。

2. 去处：低碳技术创新发展的走向

由上文分析可知，低碳技术创新发展尚存在一系列的困境。低碳技术发展至今，在不同行业、领域、技术层面逐步形成了“低技术—低应用”“低技术—高应用”“高技术—低应用”“高技术—高应用”四个阶段类型。

一方面，低碳技术攻关不断实现“0－1－2”的量级增长，但缺乏针对低碳技术的推广应用则陷入“闭门造车不出门”或者“出门不合辙”的窘境，与实际需求脱节，或者成果转化不良、投资回报预期不佳等问题。另一方面，低碳技术推广应用承担着“星星之火可以燎原”的功能使命，如果推广应用不良，则会使低碳技术攻关成果束之高阁，大大挫败科研攻坚的积极性，也无法形成良好的成果转化示范效应，最终使低碳技术创新发展失去动力和后劲。因此，系统推进低碳技术创新发展，就要把科研攻关和推广应用整合起来，既要不断拓展低碳技术科研增量，也要深入推进低碳技术推广应用，实现面向“高技术”“高应用”两个方向的统筹推进。

二、低碳技术创新及绿色全要素生产率的发展现状分析

（一）低碳技术创新专利现状分析

1. 低碳技术创新数据说明

低碳技术被定义为缓解气候变化的技术②，参考 Li 等（2021）的研究，根据欧洲专利局（EPO）和美国专利商标局（USPTO）联合公布的合作专利分类（CPC）下的 Y02 类别表征低碳技术创新③。CPC－Y02 被定义为“缓解气候变化的技术或应用”。本书以 1960 年 1 月 1 日和 2020 年 12 月 31 日为时间节点，以 CPC 为关键词，检索相关的低碳技术专利，具体的检索式为：（CPC＝〔Y02〕）AND（AD＝［19600101TO20201231］）。最终通过 INCOPAT 专利数据库，检索并筛选得到 1606542 条低碳技术专利数据。

2. 中国低碳技术创新的发展现状分析

随着生态环境的日益破坏，社会各界对低碳技术创新也越来越重视，相关的研发投入也在不断加大。

随着经济发展，东部地区和中部、西部地区的低碳技术创新水平差距逐渐加大，这反映出我国不同区域之间低碳技术创新水平的巨大差异。事实上，这种差距是多方面原因造成的。一方面，东部地区相比于中西部地区经济发展得更好，相关基础设施更加完善，拥

① 温馨，陈佳静．技术创新与能源转型：一个文献综述［J］．科技创业月刊．2022，(12)：142－148.

② Porter M E, Van der Linde C. Toward a new conception of the environment－competitiveness relationship［J］. Journal of Economic Perspectives，1995，9（4）：97－118.

③ Li Y，Zhang Y，Lee C C，et al. Structural characteristics and determinants of an international green technological collaboration network［J］. Journal of Cleaner Production，2021，324：129258.

有充裕的研发投入，保证了低碳技术创新的物质基础；另一方面，东部地区较高的薪资水平和生活环境相比于中西部地区更能吸引并留住人才，这也加大了东部地区和中西部地区的人力资本差距，限制了低碳技术创新活动的开展。此外，本身中部地区和西部地区产业结构并不完善，发展模式单一，加上当地居民环保意识薄弱，导致中西部地区相关企业和居民缺乏进行低碳技术创新的意愿和动力。

我国在环境治理的早期就开始重视低碳能源技术，希望通过对能源方面的脱碳以达到清洁生产的愿景，从侧面反映出了我国经济发展对能源较大的依赖程度。但我国目前尚未形成系统的低碳技术创新局面，综合创新网络还不够完善。

另外，我国低碳技术创新活动较为活跃的地区多为经济发展水平较高的地区，地区之间的低碳技术创新水平和差距较大，呈现出区域发展不均衡的态势。

（二）低碳技术创新影响绿色全要素生产率的作用机理

1. 低碳技术创新与绿色全要素生产率

低碳技术创新能够促进中国绿色全要素生产率。低碳技术创新不仅能够降低生产过程中的温室气体排放，而且还能通过固碳技术减少大气环境中的二氧化碳含量，直接促进绿色全要素生产率的提高。此外，对于地区生产而言，低碳技术创新能够在资本和劳动等要素投入不变的情况下提升企业生产过程中的效率并改善生产工艺，增加地区产出的同时提高产品质量①。同时，低碳技术创新帮助生产者从根本上解决生产过程中的排污问题②，缓解其环境规制要求下的节能减排压力，减少对应的规制成本。技术市场方面，随着技术市场规模不断扩张和完善，科技创新成果和资源的价格机制逐渐完善，加速了创新成果的转化③。这使进行低碳技术创新活动的创新主体不仅可以通过诸如技术转让、清洁生产设备、环保设备的租赁或销售获得收益，还能提高自身的技术竞争力，形成良性循环。此外，对于消费者和居民而言，低碳技术创新改善了本地的自然环境，提升了居民生活质量和幸福指数。以低碳技术进行生产的产品满足了拥有较强环保意识消费者对绿色产品的需求，而消费者对绿色产品的需求可以激励企业进行低碳技术创新，从而实现低碳化转型，进而改善环境质量，促进绿色全要素生产率的提升④。

2. 低碳技术创新、能源强度与绿色全要素生产率

低碳技术创新不仅直接作用于绿色全要素生产率，还有其他的传导路径，例如能源强度路径和产业结构路径。低碳技术创新通过影响能源强度进而对绿色全要素生产率产生作

---

① 武力超，陈韦亨，林澜，等．创新及低碳技术创新对企业全要素生产率的影响研究［J］．数理统计与管理，2021，40（02）：319－333.

② 冯泰文，孙林岩，何哲．技术进步对中国能源强度调节效应的实证研究［J］．科学学研究，2008（05）：987－993.

③ 孙博文，谢贤君，张政．技术市场如何影响绿色全要素生产率？——基于OECD绿色增长战略视角研究［J］．当代经济管理，2020，42（08）：18－27.

④ 董直庆，王辉．城市财富与低碳技术选择［J］．经济研究，2021，56（04）：143－159.

用。技术创新最为显著的特征为效率的提升，低碳技术创新同样也具备这一特点，能够改善生产中的能源消耗情况，提高能源利用效率，进而提升绿色全要素生产率①。低碳技术的应用还可以在一定程度上促使人们的工作方式和商业模式的改变，间接地达到降低能源消耗、提高能源利用效率的目的②。低碳技术还包含了清洁能源的相关技术。清洁能源相关的低碳技术创新能够促使清洁能源代替化石燃料能源，改善生产过程中的能源消费结构，从而降低能源强度③，从根本上减少二氧化碳的排放，提升绿色全要素生产率。综上，低碳技术创新能够通过提高能源利用效率和改善能源消费结构降低能源强度，进而提升绿色全要素生产率。

3. 低碳技术创新、产业结构与绿色全要素生产率

低碳技术创新通过改变产业结构进而影响绿色经济增长。首先，技术创新对产业结构具有多方面的影响，技术创新的不断应用会导致生产过程中对不同技能劳动力的需求发生变化，提高对高技能劳动力的需求，改善劳动力市场结构，进而促进产业结构升级，从而提升中国绿色全要素生产率④；其次，技术创新能够改变不同产业间的生产率效率，使要素在产业间的稀缺性出现差异，促进要素在不同产业间流动，从而促进产业结构升级，进而提升中国绿色全要素生产率⑤；再次，技术创新与需求结构之间存在很强的互动性，技术创新能够通过满足新的消费需求、生产需求和进出口需求来促进产业转型升级，从而提升中国绿色全要素生产率⑥；最后，在产业结构升级的过程中，低碳技术创新的应用能够刺激绿色产业发展，这类产业往往具有技术密集型和高附加值的特点，该类产业摆脱了以往“粗放”的发展模式，以创新驱动为核心，有助于解决能源和环境约束下经济可持续发展的问题，促进产业结构低碳化，从而提升绿色全要素生产率⑦。基于上述分析，低碳技术创新能够促进产业结构升级进而提升中国绿色全要素生产率。

（三）低碳技术创新影响绿色全要素生产率的异质性机理

1. 地区异质性机理

低碳技术创新对绿色全要素生产率的影响存在异质性。由于地区之间客观条件的不同，低碳技术创新对绿色经济增长的作用效果也势必存在差异。首先，是低碳技术创新能

---

① Miao C, Fang D, Sun L, et al. Driving effect of technology innovation on energy utilization efficiency in strategic emerging industries [J]. Journal of Cleaner Production, 2018, 170: 1177－1184.

② Pan X, Wei Z, Han B, et al. The heterogeneous impacts of interregional green technology spillover on energy intensity in China [J]. Energy Economics, 2021, 96: 105133.

③ 杨莉莎，朱俊鹏，贾智杰．中国碳减排实现的影响因素和当前挑战——基于技术进步的视角［J］．经济研究，2019，54（11）：118－132.

④ David H, Katz L F, Kearney M S. The polarization of the US labor market [J]. American Economic Review, 2006, 96 (2): 189－194.

⑤ 周叔莲，王伟光．科技创新与产业结构优化升级［J］．管理世界，2001（05）：70－78＋89－216.

⑥ 殷宝庆，刘洋．GVC下低碳技术进步对中国制造升级的影响［J］．科技进步与对策，2018，35（04）：56－62.

⑦ 鄢哲明，邓晓兰，陈宝东．低碳技术进步对中国产业结构低碳化的影响［J］．经济社会体制比较，2016（04）：25－39.

力的差异。由本书对中国各地区的低碳基数专利申请量的现状分析可知，目前我国各地区的低碳技术创新水平存在较大差异。中部和西部地区的低碳技术专利申请量远小于东部地区，在低碳技术创新能力上远低于东部地区。而较低的创新能力限制了低碳技术创新应用，无法发挥低碳技术创新的环境效益，从而无法提升绿色全要素生产率。其次，是不同地区间的创新环境存在差异，例如基础设施、人力资本、居民环保意识、政府关注度等都存在不同程度的差异，势必影响低碳技术创新、影响绿色全要素生产率的作用效果。

2. 经济水平异质性机理

低碳技术创新对绿色全要素生产率的作用效果在不同经济水平下存在异质性。从静态视角来看，区域整体经济水平较高的地区相较于较低的地区拥有更好的基础设施、更充足的研发资金、更完善的人力资本、更合理的产业结构、更规范的技术市场等，因此能够保障低碳技术的研发、应用和推广，进而更好地提升绿色全要素生产率。同时，经济水平较高地区的绿色消费意愿更强、市场需求更大，企业对生产绿色产品的意愿更大，相应的低碳技术创新水平也更高。而经济欠发达的地区在基础设施、研发资金、人力资本、产业结构和技术市场方面都不具优势，限制了这些地区开展低碳技术创新活动。此外，经济欠发达地区倾向于利用原有路径进行财富积累①，例如丰富的自然资源，其自身的资源禀赋和产业发展惯性与低碳技术创新相矛盾。因此，经济欠发达地区应用低碳技术创新可能无法显著改善该地区的绿色全要素生产率，甚至可能产生相反的抑制作用。从动态视角来看，企业采用低碳技术创新来提高绿色全要素生产率是一个长期的过程。在低碳技术创新的应用初期，开展低碳技术创新活动或采用低碳技术创新给企业带来了巨大的成本和风险。此外，低碳技术创新将改变企业现有的生产要素组合和生产策略，从而限制了企业的盈利能力。而随着经济水平的提高，一方面，低碳技术创新网络体系不断完善，低碳技术创新应用价格不断下降，降低了企业应用低碳技术创新的成本；另一方面，企业完成了低碳技术创新应用模式下最优要素配置组合，此时低碳技术创新能表现出对绿色全要素生产率的积极作用。随着人均收入的提升，居民的环境意识不断加强，对绿色产品的需求不断提升，反向倒逼企业加强低碳技术创新的应用，从而满足消费者对绿色产品的需求。

3. 环境规制强度异质性机理

除地区和经济水平异质性外，低碳技术创新对绿色全要素生产率的作用效果在不同环境规制强度下也会存在差异。环境规制主要是指政府为调节市场机制在环境外部性问题上的失灵对环境污染行为进行规制，从而将整个社会为其承担的成本转化为其自身承担的私人成本。环境规制可分为命令控制型环境规制和市场激励型环境规制两种方式。前者主要包括制定环境标准、污染物的排放标准及技术标准等，是一种“刚性”的环境规制手段；后者主要包括建立排污收费或征税制度、排污权交易制度、碳交易制度等，属于“柔性”

① Balsalobre－Lorente D, Shahbaz M, Roubaud D, et al. How economic growth, renewable electricity and natural resources contribute to CO2 emissions? [J]. Energy Policy, 2018, 113: 356－367.

的环境规制手段①。波特假说认为，在环境规制初期，新增环保投入的“侵占效应”会削弱企业竞争力，而长期来看环境规制可以促进企业进行技术创新，并通过“创新补偿”效应来弥补“规制成本”而实现双赢。当下，环境规制是长期存在于经济环境中的重要因素，同样需要从动态视角来看。一方面，我国实行了多年的环境保护政策，企业生产已经适应并消化环境规制初期所带来的规制成本，针对现行的环境规制政策调整生产策略和方式，相应生产环节的低碳技术适配与应用都有所提高；另一方面，随着环境规制强度的提高，尤其是以排污收费或征税制度、排污权交易制度、碳交易制度等以市场为主导的“柔性”环境规制政策体系不断丰富和成熟，大大降低了企业的规制成本，丰富了企业达到清洁生产目的的手段，企业能够结合自身的生产情况和创新能力选取更为灵活且低成本的清洁生产策略组合。此时环境规制强度的提升有利于低碳技术市场的进一步完善，促进了环境规制手段的多样化，降低了企业的规制成本。同时，综合实力较强的大型企业在此过程中不断提升自身低碳技术创新的研发能力和吸收能力，加速了低碳技术创新成果的产品化、产业化、规模化，降低了低碳技术创新产品的价格，有利于全行业的低碳技术创新应用。

（四）低碳技术创新影响绿色全要素生产率的空间溢出机理

低碳技术不仅能够提升本地的绿色全要素生产率，还可能对邻近地区的绿色全要素生产率产生影响，具体表现为以下两个方面。

一方面，低碳技术创新具有正向的“空间溢出”效应，能够促进邻近地区绿色全要素生产率的提升。低碳技术类别中存在固碳的低碳技术，如碳捕获、利用与封存技术(CCUS)。该类低碳技术的使用，不仅能够降低本地的二氧化碳排放，而且随着大气的流动，还能够降低周边地区的二氧化碳排放，改善周边地区的生态环境。同时，技术人才在地区间的交互促进了低碳技术创新的知识外溢，加速了周边地区的低碳技术创新的研发和应用，从而提升了邻近地区的绿色全要素生产率。因此，低碳技术创新在空间上呈现一定的空间关联性，并且低碳技术创新能够通过“正外部性”和“知识外溢”促进邻近地区绿色全要素生产率，存在正向的“空间溢出效应”。

另一方面，低碳技术创新对技术人员的“虹吸”效应可能抑制邻近地区的绿色全要素生产率增长。在低碳技术创新活动较为活跃的地区，经济基础、研发环境、生活环境等方面具有优势，能够吸引周边地区的相关科技人才和资源，导致低碳技术创新人才的集聚，从而不断加强本地的人力资本和知识存量②。在此过程中，邻近地区的科技人才和人力资本不断降低，限制了低碳技术创新的研发活动。

---

① 张倩，曲世友．环境规制强度与企业低碳技术采纳程度关系的研究［J］．科技管理研究，2014，34（05）：30—34.

② 宛群超，袁凌，谭志红．科技人才集聚、市场竞争及其交互作用对高技术产业创新绩效的影响［J］．软科学，2021，35（11）：7—12.

综上，低碳技术创新在空间上呈现一定的空间关联性，并且低碳技术创新通过对科技人才和资源的“虹吸”效应抑制邻近地区绿色全要素生产率增长，存在负向的“空间溢出效应”。

第二节 建筑业低碳技术创新与发展现状

为应对气候变化并实现碳排放净零目标，在2019年联合国气候行动峰会上，已有66个成员对实现碳中和作出了承诺，并成立气候行动雄心联盟以致力于最大限度降低碳排放量及其产生的负面影响①。国家主席习近平在第七十五届联合国大会一般性辩论上发表重要讲话并作出承诺，中国将提高国家自主贡献力度，二氧化碳排放力争于2030年前达到峰值，努力争取2060年前实现碳中和。目前，我国以年温室气体排放超150亿吨二氧化碳当量成为全球温室气体排放最大的国家②，这意味着中国实现碳中和目标将面临巨大的困难与挑战，也促使中国采取更严格的政策和措施推动各行业更大力度的低碳转型。

建筑业是我国能源消耗的三大重点领域（工业、建筑业和交通业）之一，也是温室气体排放的主要来源③。根据相关预测结果发现，我国城市化率将从2017年的58%提高到2050年的75%④，进一步的城市化进程将促使建筑业规模持续增大。这意味着在实现“双碳目标”的过程中，建筑业碳排放将继续大幅增加，碳减排工作将面临更严峻的挑战。在低能耗低碳建筑的建设中，因节能低碳技术的使用不可避免地提高了建筑成本。但是，因建筑能耗降低而减少的建筑运营成本和因减少碳排放带来的环境效益也在很大程度上弥补了建筑因碳减排投入的成本。因此，对于采用低碳技术的低碳建筑来说，要衡量低碳技术产生的增量成本和增量效益，对建筑应用低碳技术的现状进行分析。

一、建筑低碳技术的应用

（一）建筑实现碳中和的技术路径

中国是世界上最大的温室气体排放国，2020年中国温室气体排放量约占全球温室气体总排放量的三分之一⑤。建筑部门作为能源消费的重要领域之一，产生了大量的碳排放。这主要是因为建筑物在建造和使用过程中对能源的严重依赖，尤其是在建筑运营过程中对电力、热力的需求造成了化石燃料的大量使用，进而加剧了由能源供应导致的碳排放。

---

① UNFCCC. Climate ambition alliance：Nations renew their push to upscale action by 2020 and achieve net zero CO2 emissions by 2050 [EB/OL]．(2019－12－11) [2022－03－17]．https：//unfccc. int/news/ climate－ambition－alliance－nations－renew－their－push－to－upscale－action－by－2020－and achieve－net－zero.

② UNEP. Emissions Gap Report 2020 [R]．2020.

③ Energy Transitions Commission. China 2050：A Fully Developed Rich Zero－Carbon Economy [R]．2019.

④ 清华大学建筑节能研究中心．中国建筑节能年度发展研究报告2019 [M]．北京：中国建筑工业出版社，2019.

⑤ UNEP. Emissions Gap Report 2020 [R]．2020.

为更有针对性地减少建筑碳排放，首先需要对建筑中产生的碳排放进行分类。针对建筑全生命周期的各个阶段的活动特点，可将建筑中产生的碳排放分为四类，即建筑建造和维修阶段由建材导致的隐含碳排放，建筑运行阶段中使用一次能源导致的直接碳排放，建筑运行阶段中使用电力、热力导致的间接碳排放以及建筑中产生的非二氧化碳类温室气体的排放。目前的建筑已经减少了运营能耗，降低了碳排放，但是在“双碳目标”的驱使下，还需要对低碳技术路径进行梳理，通过不同技术的组合应用使建筑达到最好的减排效果。

目前，已有学者提出以提升建筑节能标准为基础，通过用能方式减少甚至消除建筑的运行碳排放及减少建筑建造和维修中使用建材的碳排放来实现碳中和的路径①。对于不同建筑类型，要优先提升新建建筑能效，进行建筑可再生能源应用，同时结合既有的建筑节能改造综合减少建筑业的碳排放②。

综上，本书结合建筑碳排放类别和建筑业碳中和研究归纳出针对单体建筑碳减排的技术路径为：减少建材隐含碳，建筑节能减碳，建筑“产能”低碳，碳汇交易补碳。下面对低碳技术路径中的各类别内容进行简要说明。

1. 减少建材隐含碳

建材生产过程中产生了大量二氧化碳，如我国水泥产量占全世界总产量近60%，生产1吨水泥会排放0.73～0.99吨二氧化碳③。同时，钢铁行业大约产生了全球7%的二氧化碳排放量④。因此，减少建筑材料中的水泥、混凝土、钢材等在生产过程中的碳排放对建筑碳减排至关重要。目前可通过使用碳捕获、利用与封存（Carbon Capture，Utilization and Storage，CCUS）技术将建材生产过程中逸出的二氧化碳进行回收或者固定，从而减少隐含碳排放。也可通过增加对建材的回收利用率，实现建材的循环利用进而减少原材料的开采生产的消耗。同时，积极研制低碳、负碳建筑材料，设计新型建筑结构，也有助于降低建筑中的隐含碳。

2. 建筑节能减碳

能源的使用是导致建筑碳排放的直接原因，化石燃料的燃烧会产生直接碳排放，电力、热力的使用会产生间接碳排放。建筑节能主要通过对建筑围护结构进行改进以及使用节能设备或改变用能习惯减少电力、热能的消耗，进而减少碳排放。

3. 建筑“产能”低碳

在建筑节能的基础上，应尽可能推动消耗的能源从传统能源向生物质能或可再生能源

---

① 吴羽柔，张双璐，江练鑫．我国建筑碳排放现状及碳中和路径探讨［J］．重庆建筑，2021，20（S1）：66－68.

② 徐伟，倪江波，孙德宇，等．我国建筑碳达峰与碳中和目标分解与路径辨析［J］．建筑科学，2021，37（10）：1－8＋23.

③ Behnood A，Golafshani E M. Predicting the compressive strength of silica fume concrete using hybrid artificial neural network with multi－objective grey wolves［J］. Journal of Cleaner Production，2018，202（20）：54－64.

④ Global CCS Institute. Global Status of CCS Report 2020［R］. 2021.

等非化石能源的转换，进一步增加建筑的减碳效果。此外，可通过提高外购电力、热力生产中可再生能源比例，在减少建筑碳排放的同时促进电力、热力生产的零碳转型。

4. 碳汇交易补碳

未能通过建筑减碳措施减少的碳排放可通过其他措施进行补偿，如通过植物碳汇吸收二氧化碳，以及在碳交易市场购买碳排放配额获得碳排放权。植物碳汇指的是利用植物光合作用吸收大气中排放的二氧化碳并将其固定在土壤和植被中从而降低大气中温室气体浓度的过程。在建筑周围绿化面积有限的情况下，可在建筑的屋顶或者墙面进行绿化，实现美观要求的同时吸收大气中的二氧化碳。此外，未来建筑行业将可能进入全国碳交易市场中对建筑物进行碳排放配额的发放，建筑物额外碳排放可通过购买配额进行抵消，实现建筑物的动态碳平衡。

综上，本书认为可通过减少建材隐含碳、建筑节能减碳、建筑“产能”低碳、碳汇交易补碳的途径，结合各类具体措施的应用减少建筑物中产生的直接和间接碳排放，促使建筑达到“碳中和”的平衡状态。

（二）建筑低碳技术选择

由于技术种类众多且各技术间具有包含性或交叉性，本书在对建筑低碳技术的选择时遵循以下三个原则。

1. 普遍适用性

通过对建筑生命周期碳排放的类别和来源进行区分，利用各类碳排放特征的共同点，提出技术成熟度较高的，不仅适合公共建筑减排也适合居住建筑减排的普遍适用性的技术策略。

2. 减碳针对性

结合建筑全生命周期各个阶段的活动特点，对各活动产生的碳排放提出针对性减排措施，以设计出适用于具体项目、满足具体活动、达到特定减排目标的技术方案。

3. 市场效益性

技术的应用除了满足建筑本身的需求外，其作为产品也应满足市场的要求并具有一定的市场竞争力和良好的经济性，以此选择市场和环境需要的建筑低碳技术。

基于以上选择原则，本书通过两种方法对技术进行选择：一是通过文献计量工具，根据现有关于“低碳建筑”的文献研究中总结出广泛研究的建筑低碳技术类别及要点；二是根据现有建筑节能减排标准中与技术相关的规定归纳出国家推广的建筑低碳技术。

二、建筑低碳技术分析

（一）减少隐含碳技术

减少隐含碳技术指的是通过采取技术措施减少建筑材料产生的隐含碳排放。隐含碳排放是建筑材料从原材料的提取、建材制造、运输、使用到处置的全周期中产生的碳排放。

除新建建筑中因建材生产排放的隐含碳，既有建筑拆除、重建过程中的废弃建材也会加剧碳排放量。因此，本书根据建材生产、运输及处置过程分别提出使用新能源运输车辆，缩短运输距离，使用新能源施工机械，使用具有碳捕捉生产工艺的水泥、钢铁，使用再生混凝土和提高建筑垃圾回收率六种技术减少建筑中的隐含碳，下面对各项低碳技术进行说明。

1. 使用新能源运输车辆

建筑在材料和机械运输的过程中大多采用以柴油、汽油为燃料的车辆，会产生大量碳排放。针对燃油车产生碳排放的问题，本书提出应在建材运输过程中使用新能源车辆运输。新能源车辆主要指的是以电力、氢能和生物液体燃料等清洁能源为动力的车辆，这类车辆可在满足运输需求的同时从减少对传统化石燃料的使用来降低运输中产生的碳排放。目前市场上已经有符合国家标准并授牌的新能源工程车，并已经投入使用。

2. 缩短运输距离

目前，多数建材产品采用公路、铁路等运输方式，可实现在满足建材大额运送量的同时控制运输成本。随着空气治理的推进，建材运输逐渐从公路运输向铁路运输进行转移，减少因长距离运输产生的碳排放。因此，本书认为应尽量就近选择施工现场所在地附近区域的建材场站，通过缩短建材运输距离以减少运输过程中的碳排放。

3. 使用新能源施工机械

建筑由于化石燃料消耗产生的直接碳排放来源除了建材运输过程，还有一部分来自建筑建造施工机械的燃料使用。碳排放因子较高的机械，如履带式推土机、单斗履带式挖掘机和汽车起重机等多数采用柴油和汽油燃料供能，而碳排放因子较低的施工机械则多数采用电力供能。

4. 使用具有碳捕捉生产工艺的水泥、钢铁

建筑中包含的建材种类非常多，本书中无法对其一一进行分析，因此主要针对建材碳排放占比较高的水泥和钢铁两类材料的碳排放和成本变化进行研究。

水泥和钢铁的隐含碳与其生产工艺紧密相关。对于水泥而言，其生产过程中的碳排放可分为三类：第一类是由于组分之间发生化学反应产生的碳排放，第二类是在煅烧、加热过程中因化石燃料燃烧产生的碳排放，第三类是破碎和研磨等辅助工艺过程中消耗电能产生的碳排放。研究表明水泥碳排放中由石灰石分解过程产生的碳排放和生料煅烧产生的碳排放可占到九成以上①。

对于钢铁而言，其生产过程中包含烧结、球团、炼焦、高炉炼铁、转炉炼钢、连铸、轧钢等工艺步骤。由此产生的碳排放可分为三类：第一类是由于生产工艺造成的碳排放，第二类是高温冶炼过程中由化石燃料燃烧产生的碳排放，第三类是在电弧炉和精加工操作等过程中由于外购电力引起的碳排放。其中，化石燃料燃烧产生的碳排放是钢铁生产过程

① 白玫．中国水泥工业碳达峰、碳中和实现路径研究［J］．价格理论与实践，2021（4）：4－11＋53.

中最主要的碳排放来源，占总排放量的 80.1%①。

为解决水泥和钢铁在生产过程中产生大量碳排放的问题，目前多数研究认为可以通过 CCUS 技术进行解决。CCUS 技术是指捕获燃烧烟气中的二氧化碳并将其进行回收利用和安全储存的方法和技术。阅读国内外相关文献和查询行业资料可知，目前常用的 CCUS 技术方法有 MEA 化学吸收法、纯氧燃烧法、膜吸收技术等。通过以上方法可以减少水泥和钢铁的生产碳排放，进而减少建材的隐含碳。

5. 使用再生混凝土

混凝土结构是目前最常用的结构形式，混凝土材料也因此成为建筑业中最主要的工程材料。随着建筑业的发展，混凝土使用量逐年攀升，根据中国建筑业协会混凝土分会统计②，2020 年中国预拌混凝土产量达到 29.44 亿 m^3，较上年增加了 2.98 亿 m^3。在混凝土生产和使用的过程中，其碳排放也日益加剧。目前，为减少混凝土因生产造成的碳排放，可通过使用再生混凝土减少天然骨料的开采和生产中的碳排放。

6. 提高建筑垃圾回收率

建筑中的隐含碳除了发生在建材生产过程中，也有一部分产生于建筑物建造和拆除的建筑垃圾中。目前国内建筑垃圾主要处理方式是填埋和焚烧，回收循环利用率较低。我国建筑垃圾年产生量 15 亿吨～25 亿吨，但是建筑垃圾回收利用率仅为 5%，而在其他国家和地区如新加坡建筑垃圾回收率已达到 63%，日本为 65%，中国香港地区甚至达到了 80%③。其中，建筑拆除垃圾中的钢材是可回收利用价值最高的。建筑废钢属于折旧废钢，该类废钢因混入了许多杂质使处理工作更加困难，目前国内废钢处理技术和设备的研制大多是针对此类钢铁，废钢回收后主要用于炼钢和铸造生产，目前钢铁企业采用的短流程工艺（电炉炼钢）和长流程工艺（转炉炼钢）都会消耗废钢，其中电炉炼钢主要炉料即为废钢，由此减少炼钢原材料的开采与使用，进而减少了能耗和碳排放。

（二）直接低碳技术

建筑直接碳排放指的是建筑在全生命周期中因化石能源如燃油、燃气燃烧排放的二氧化碳，常发生于烹饪、生活热水和取暖等建筑活动中。因此，在此提出了烹饪电气化、地源热泵空调系统、生活热水电气化三项技术用于减少建筑直接碳排放。

1. 烹饪电气化

中式烹饪的饮食习惯是熟食、热食，由此我国居民烹饪及商业烹饪中多采用燃气灶具，农村使用燃煤和柴灶。其在食物制作过程中需要消耗化石燃料能源。我国每年由于烹

① 王广，张宏强，苏步新，等．我国钢铁工业碳排放现状与降碳展望［J］．化工矿物与加工，2021，50（12）：55－64.

② 中国建筑业协会混凝土分会．2020 年我国部分省、市、自治区预拌混凝土产量统计表［J］．混凝土，2021，378（4）：160.

③ 张浩．城市建筑垃圾处理现状及资源化利用研究［J］．绿色环保建材，2021（12）：31－32.

饪造成了约 2 亿吨二氧化碳排放，约占全国二氧化碳排放总量的 2%[①]。因为多数烹饪活动发生在建筑边界内，所以这部分碳排放应在建筑全生命周期减排中予以考虑。因此，用电力炊具实现烹饪电气化有利于减少建筑中的碳排放。

目前建筑中常用的燃气灶分为商用燃气灶和家用燃气灶，其使用燃气类别主要为天然气、液化气、人工煤气、沼气等。随着建筑减排的推广，烹饪技术的全面电气化进展迅速，各类电炊事设备不断出现，在技术上已经完全可以实现炊事的电能全覆盖。

2. 地源热泵空调系统

北方地区冬季供热主要来自热电联产和各类燃煤、燃气锅炉生产的热力，由此产生了大量的碳排放，并由于煤炭的质量低下导致了一定程度上的环境污染。在“双碳”目标下，如果以 2060 年可再生能源占比提升至 80%计算，我国供暖要大力发展工业余热、生物质、地热、太阳能等其他热源。

地源热泵系统通过电力驱动，以岩土体、地下水或地表水作为低温热源，把传统空调器的冷凝器或蒸发器直接接入地下，利用地下循环系统提取或释放大地热能，通过机组循环系统将能量转移到建筑物内，使用电力和地热降低了建筑中供暖系统中对燃煤、燃气的能源消耗，进而减少建筑中产生的直接碳排放[②]。

3. 生活热水电气化

目前，多数建筑中采用电热水器和太阳能提供生活热水。但是部分农村地区居住建筑中仍使用燃煤或燃气热水。对于这类建筑，可通过使用电热水器进行替换，减少建筑因烧水产生的直接碳排放，进而促进建筑的全面电气化。

（三）间接低碳技术

建筑间接碳排放指的是建筑在全生命周期中因电力、热力需求而引起的碳排放。间接碳排放的产生与建筑运行过程中的终端能耗直接相关。按能耗来源可分为两大类，即采暖制冷的能耗和灯具电器的能耗。针对这两类能耗产生的碳排放，首先需要通过节能降低建筑对电力和热力的需求，进而减少碳排放。因此，下文提出了提高外墙热工性能、提高外窗保温性能和使用 LED 灯具三种技术减少建筑的间接碳排放。

1. 提高外墙热工性能

建筑围护结构主要包括墙体、地面、屋顶和门窗。在围护结构热量的总损失中，由墙体损失的热量可占到近七成[③]。因此，外墙作为围护结构的重要部分对建筑能耗产生很大的影响，构成墙体的各类材料的热工性能可以直接解决外墙的保温隔热能力。

2. 提高外窗保温性能

外窗作为重要的透明围护结构对建筑的运行能耗也有很大的影响，其除了满足采光需

---

① 江亿，胡姗．中国建筑部门实现碳中和的路径［J］．暖通空调，2021，51（5）：1—13.

② 李金华．地源热泵系统助力碳中和——以北京地区为例［J］．节能与环保，2021（5）：30—31.

③ 徐东．试论建筑围护结构节能技术及应用［J］．建材与装饰，2018（30）：29.

要，更重要的是提供良好的热工性能减少因热桥导致的热损失，发挥保温隔热的作用。

3. 使用 LED 灯具

随着人们对建筑舒适度要求的提高，建筑运行过程中由照明产生的能耗值也在逐年上升，如公共建筑中常见的办公室照明能耗可在建筑总能耗中占比达 10%～30%①。因此，照明部分的节能潜力挖掘对提高建筑能效，减少建筑碳排放十分关键。使用 LED 灯具是通过改变建筑中的照明安装功率（LPD）达成节能，实现在满足同样照明度需求的情况下减少电能的消耗，进而达到碳减排的目的。

（四）可再生能源应用技术

在建筑节能的基础上还需要从能源供应入手增加建筑所消耗能源中可再生能源的比例，并通过相关技术使建筑自发“产能”满足自身能源需求，进一步减少建筑的碳排放。建筑中常用的可再生能源技术包括光伏发电技术、地源热泵技术和风力发电技术等，其中光伏发电技术是建筑中应用较为广泛的技术。

1. 建筑运营光伏发电

建筑全生命周期碳排放中占比最大的是运行碳排放，其中建筑活动对电力的消耗造成的碳排放是最主要的部分，为了降低这部分碳排放就必须改变建筑中的电力来源。光伏发电系统可以通过建筑物外围护结构提供受光面积、架设光伏组件建立发电系统，最终实现向建筑本体进行供电，达到能源自给自足的目的。

2. 施工现场光伏发电

建筑在建造施工过程中的一部分碳排放来自机械设备和工人生活的电力使用。目前施工中主要通过电网供电，为减少这部分电力碳排放，有的国家已经开始研究在施工现场安装临时光伏发电系统以稳定和持续地提供工程中所需的电力。在建筑项目完成后，光伏发电系统可被拆除并带到其他建筑工地再次利用。

（五）碳补偿技术

在建筑实现碳中和的过程中，除了最大限度地通过技术减少碳排放，也需要采取技术吸收已排放的二氧化碳。目前常见的是通过利用植物光合作用吸收大气中的二氧化碳并固定的植物碳汇机制。

1. 屋顶绿化

目前城市中有限的利用面积使植物绿化变得更加困难，因此可利用建筑表面种植绿色植被进行光合作用固定二氧化碳。相较于垂直绿化，屋顶绿化的建造和维护工作更为简单。

2. 购买碳汇

在建筑在采取多种措施后仍不能满足“净零要求”的情况下，本研究提出补偿性措

---

① 罗涛，燕达，江亿．办公建筑照明能耗模拟方法研究（上）[J]．建筑科学，2017，33（4）：101－109.

施，即将剩余的碳排放通过碳交易市场购买林业碳汇进行抵消。1997 年通过的《京都议定书》已经承认森林碳汇对减缓气候变暖的贡献，并要求通过森林碳汇项目产生的碳汇额度抵消国内的减排指标。目前，已有部分实体企业通过购买林业碳汇的方式来实现碳净零排放承诺，未来建筑业也可借鉴相关应用实践以减少建筑全生命周期中的碳排放。

第三章 低碳技术创新与发展价值

第一节 低碳技术创新发展与企业价值

一、企业价值理论

关于企业价值的理论研究由来已久，且经过理论研究和实践研究的不断深入，企业价值的构成体系不断丰富，从最初的将企业价值等同于企业的经济价值到后来将企业价值的范畴进一步拓宽，把企业价值划分为企业的经济价值和社会价值，较为完备的企业价值理论体系已基本形成。

经济价值是指一项资产的公平市场价值，通常用该资产所产生的未来现金流量的现值来计量。目前，由于研究角度的不同，学者们对企业经济价值构成的研究不尽相同。Diana（2015）[①] 认为，企业价值可分为账面价值与市场价值。账面价值是指企业固定资产、长期股权投资等形成的资产与应付账款、应付债券等负债之间的差额部分。市场价值是指企业的股票市场价值，其公式为：股票份数×每股股票价格。Vayas-Ortega 等（2020）[②] 的观点与之相近，他们对非上市公司企业价值评估进行研究，认为非上市公司市场价值更多体现为账面价值。徐宗宇等（2022）[③] 在分析企业上市对企业价值影响的研究中把企业的经济价值区分为企业的融资价值、经营价值和投资价值。部分学者通过研究认为，企业在投资过程中加强 ESG 评价有助于提高企业的经济价值[④]。王琳璘等（2022）[⑤] 主要把融资、经营价值和财务风险三个指标作为企业经济价值构成进行了研究。周方召等（2020）[⑥] 主要将投资者偏好、超额回报等作为企业经济价值主要指标进行了研究。张文龙

---

① Diana，G. Repeated measures analysis on determinant factors of enterprise value［J］. Procedia Economics and Finance，2015，32：338－344.

② Vayas-Ortega，G.，C. Soguero－Ruiz，M. Rodríguez－Ibáez，etal. On the differential analysis of enterprise valuation methods as a guideline for unlisted companies assessment（II）：Applying machine－Learning techniques for unbiased enterprise value assessment［J］. Applied Sciences，2020，10（15）：34－53.

③ 徐宗宇，孙敏，刘耀淞，等．分拆上市对企业集团价值的影响［J］．华东经济管理，2022，36（03）：106－118.

④ 王琳璘，廉永辉，董捷．ESG 表现对企业价值的影响机制研究［J］．证券市场导报，2022（03）：1－12.

⑤ 王琳璘，廉永辉，董捷．ESG 表现对企业价值的影响机制研究［J］．证券市场导报，2022（03）：1－12.

⑥ 周方召，潘婉颖，付辉．上市公司 ESG 责任表现与机构投资者持股偏好——来自中国 A 股上市公司的经验证据［J］．科学决策，2020（11）：15－41.

等（2022）[①] 在研究家族社会情感财富目标对企业价值的影响中，把企业规模、企业目标、财物价值等作为企业价值的组成部分进行了分析。

目前学术领域关于企业的社会价值尚未形成统一意见，学者们最早研究了企业社会责任履行与企业价值之间的关系，得出结论：企业社会责任的履行，会影响消费者的消费选择倾向，从而影响到企业的经济价值[②]。由此可见，起初人们对于企业社会责任的研究主要集中于社会责任的履行如何影响企业的经济价值。随着经济社会的发展，学者们对于企业价值的研究也不断深入，人们发现企业除了经济组织这个属性以外，还有社会组织的社会属性，因此，企业的价值不仅体现在经济价值之上，还体现出一定的社会价值。Blair（1998）[③] 认为在新的经济发展时期，企业的目标不再是股东利益的最大化，而是企业利益的最大化，是如何创造企业可持续发展的道路，企业经济也从企业内部开始向企业外部延伸。宫希魁（2007）[④] 认为，企业行为由企业的经济行为和企业的社会行为两部分组成，其中经济行为会给企业带来经济价值，而社会行为则会给企业带来社会价值，社会行为的发展会促进企业经济行为的更好发展。王欣（2013）[⑤] 把企业的社会责任纳入了企业价值之中，指出企业履行社会责任是企业价值体系评估的重要部分。吴晓霞（2018）[⑥] 在探究企业价值、社会契约和政府机制的关系时，也支持了这一观点。

随着越来越多的学者认可企业社会价值的存在，对如何评估社会价值，社会价值具体体现在哪些指标上，学者们也逐步开展了相关研究。Thorpe 和 Prakash（2003）[⑦] 认为，企业社会价值主要由三个方面构成：通过履行社会义务而得到的利益（CSR 价值的增值）、利益相关方的利益（KPI）和可持续发展战略要素。买生等（2011）[⑧] 认为，企业的社会价值由三个部分组成，即市场贡献价值、环境贡献价值和社会贡献价值。其中，市场贡献价值主要体现在投资者价值绩效、消费者价值绩效、合作者责任绩效三个方面，环境贡献价值体现在节约资源、减少污染和生态治理三个方面，社会贡献价值体现在社区责任、员工责任和政府责任三大模块。单令彬等（2021）通过研究也支持了企业社会价值中环境责

---

① 张文龙，冯宝军，孙秀峰，等．家族社会情感财富目标对企业价值的影响［J］．大连理工大学学报（社会科学版），2022，43（02）：59—71.

② Moskowitz，M. Profiles in corporate responsibility：The ten worst and the ten best［J］. Business and Society Review，1972（13）：28—42.

③ Blair，M. M. For whom should corporations be run? An economic rationale for stakeholder management［J］. Long Range Planning，1998，31（2）：195—200.

④ 宫希魁．论企业的社会功能［J］．理论视野，2007（04）：42—44.

⑤ 王欣．社会责任融合视角的企业价值创造机理［J］．经济管理，2013，35（12）：182—193.

⑥ 吴晓霞．企业价值　社会契约与政府机制［J］．宏观经济研究，2018（11）：153—159.

⑦ Thorpe，J.，and K. Prakash—Mani. Developing value：The business case for sustainability in emerging markets［J］. Greener Management International，2003，44：17—32.

⑧ 买生，汪克夷，匡海波．企业社会价值评估研究［J］．科研管理，2011，32（06）：100—107.

任的重要性①。此外，Casais 等（2022）② 对社会价值的研究也支持了上述企业社会价值构成的观点，认为企业社会价值主要体现在三个方面，即对社区的价值、对社会的价值和对环境的价值。黄世忠（2021）③ 认为，伴随着 ESG 的勃兴，价值创造的观念将发生变革，突出表现为企业价值由最初的内部股东权益外延为包括企业经济价值、社会价值和环境价值在内的综合价值，其中，企业社会价值和环境机制是企业经济价值实现过程中的衍生价值。

二、案例与数据指标的选取

（一）案例选择

本部分是从企业低碳技术创新选择的基础出发，探索企业低碳发展的方式对企业价值产生的影响。根据 Yin（2009）④ 提出的案例选取的三大标准，案例的选择主要从以下几个方面考虑。

1. 案例企业与研究问题的相关程度

由于本书是试图构建较为完整的理论体系，而不是去验证相关理论，所以在案例选择时运用了抽样法进行研究，正如马克思主义所揭示的个性与共性的观点一样，研究的个性企业必须在行业内具备一定的代表性，这样的研究才有意义，才能够对整个行业的发展起到推动作用。内蒙古包钢钢联股份有限公司（以下简称包钢股份）所处的包头工业基地，是我国最早的钢铁工业基地之一。经过不断发展，目前包钢股份已成为中国重要的钢铁工业基地、西北地区最大的钢铁上市企业、国际国内最大的稀土原料生产基地。随着萤石资源开发的不断推进，未来也将成为国内最大的萤石资源生产基地。由此可见，在我国钢铁产业领域内，包钢股份具有较大的影响力和一定的代表性，与本书所研究的内容相关程度较高，包钢股份能够在低碳发展的道路上取得成功，其他企业也可以从中汲取到一定的经验。

2. 案例企业的数据必须具有长期性

为了确保研究的严谨性和客观性，案例企业的数据必须能长期持续稳定提供。包钢股份从成立之初就十分重视绿色发展，特别是在 2017 年之后，包钢股份步入绿色低碳发展的高速期，无论是体制机制上还是具体行动上，较 2017 年以前都有了显著差异，且包钢股份每年都会在企业年报中公布涉及绿色低碳发展的相关数据，确保了企业绿色低碳数据的长期性。

---

① 单令彬，李丰杉，丁颖涌．企业承担环境责任能实现环境效益和经济效益双赢吗？——基于股权资本成本视角［J］．投资研究，2021，40（02）：71—91.

② Casais，B.，A. Teixeira，and C. Fernandes. Consumer perception of corporate social responsibility（CSR）through retail brand labels disclosure［J］. International Journal of Social Ecology and Sustainable Development，2022，13（4）：1—14.

③ 黄世忠．ESG 视角下价值创造的三大变革［J］．财务研究，2021（06）：3—14.

④ Yin，R. K. Case study research：Design and methods［M］. Thousand Oaks：Sage Publications，2009.

3. 案例企业数据的可获得性

为了确保研究的客观性、真实性和研究数据的充足，案例企业的数据必须能够被获取。包钢股份作为上市企业，每年都会在企业官网上公布企业年报及社会责任报告，而会计师事务所也会对企业每年的年报、财务报表等进行审计。新浪财经、网易财经等平台也会发布企业每年的财务报表、企业年报等信息，信息的可获得性有保障。

综合以上因素，本次选择包钢股份作为研究客体，对其低碳技术创新给企业价值带来的影响进行研究。包钢集团始建于 1954 年，是“一五”时期全国 156 个重大工程中的一个，是新中国首批在民族区域建成的大钢厂。经过 60 余年的发展，现已经是世界最大的稀土工业基地，也是国内的主要钢铁工业基地。作为包钢集团的重要钢铁板块，包钢股份于 1999 年成立，于 2001 年在上海证券交易所正式挂牌上市。上市 20 多年来，公司的总资产已经翻了 20 番，股本筹资达到 459.35 亿元，公司的总市值从 71 亿元增至 880 多亿元，其间最高超千亿元，成为我国西部最大的钢铁上市公司。多年来，包钢股份秉承绿色发展理念，投入巨资进行污染物治理，“三废”达标排放。环保工作先后通过工信部“绿色制造示范”认证、中钢协“清洁生产环境友好企业”认证，建设绿色工厂，为美丽城市建设做出巨大贡献。2018 年，在国家生态环保部门出台了超低排放的指导意见后，包钢股份就开始了新一轮的节能减排工作。2020 年发布实施《包钢股份 2020 年污染防治攻坚战实施方案》，全面启动投资 30 亿元以上的超低排放改造等重大环保项目。同年 9 月，在习近平总书记第一次提出碳达峰、碳中和的“双碳”理念之后，包钢集团 2021 年又提出了明确的“双碳”时间表及路线图，包钢股份在控股集团的影响下，也开始贯彻落实低碳发展道路。

（二）数据资料的收集

参考数据以二手数据为主，因此在研究的过程中，可能会存在主观因素影响数据收集全面性和客观性的情况。为了尽可能确保数据的真实性和客观性，本书通过多种途径进行了数据的融合印证[①]，如公司官网、新浪财经、网易财经、中国知网等，有利于客观、深入地了解包钢股份低碳技术创新对企业价值的影响。

其一，通过在知网平台对包钢股份“包钢绿色”“包钢低碳”“包钢企业价值”等关键词的检索，共检索到相关的文献资料 53 条，其中，“包钢绿色”检索到文献资料 23 条，“包钢低碳”检索到文献资料 22 条，“包钢企业价值”检索到文献资料 8 条。通过搜集、查阅、分析有关包钢股份低碳发展的相关文献，加深了对包钢股份低碳发展的基础了解。

其二，通过对包钢股份官网的查阅，主要了解了股份概况、资讯中心、投资者关系、绿色发展等四个子平台所展示的信息，股份概况主要涉及企业简介、发展沿革等信息，资讯中心则主要查询了低碳的相关新闻信息，投资者关系则重点关注了财务摘要、公司公

① Yin, R. K. Case study research: Design and methods [M]. Thousand Oaks: Sage Publications, 2009.

告、公司季报年报、社会责任报告等内容。通过查阅上述资料，掌握了包钢股份在近年来企业低碳发展方式的一些数据资料和新闻信息，了解了近年来有关企业价值变动情况的财务数据等关键信息，这些信息为本书进行数字比对、数字分析提供了支撑。

其三，通过网易财经、新浪财经等平台查阅了近年来包钢股份的财务报表及财务报告分析。通过对这些数据的搜集，可以更加深入地了解包钢股份在近年来为实现低碳发展所采取的一系列措施及包钢股份在探索低碳发展路径、实现低碳发展目标上取得的阶段性成果。

其四，通过搜索关键词、关键信息，对部分权威新闻网站关于包钢股份低碳发展的新闻报道进行了搜集，了解了包钢股份在低碳发展中所做的有效尝试。

其五，通过包头市政府官网，查阅了包头市近年来的政府工作报告，重点关注包头市近年来在绿色低碳发展方面所取得的成绩及工作计划。

（三）评价指标选取

本书对低碳技术创新对包钢股份企业价值的影响进行了分析，主要通过经济价值、社会价值两个维度进行研究。首先在企业经济价值层面，虽然学者们从不同角度对企业的经济价值构成进行了分析，但归根结底，不同角度所选择的评价指标最终又可以归于 Diana 所提出的企业经济价值构成[①]，即企业经济价值包括企业的账面价值和企业的市场价值。其中，企业的账面价值＝资产－负债，企业的市场价值＝每股价格×企业股票总份额。因此，从会计学范畴来讲，凡是会引起企业资产及负债变化的因素都可以成为本次企业经济价值研究的具体指标，如企业收入变化情况、企业资产变化情况、企业费用增减情况、企业成本变化情况等。而在企业社会价值层面，学者们基本达成一致，也是本书较为认可的一种企业社会价值构成。本书借鉴了买生等（2011）[②] 的研究，即企业社会价值包括市场贡献价值、社会贡献价值和环境贡献价值三个层次，同时结合包钢股份低碳转型发展对企业社会价值的具体影响分析，选择社会贡献价值和环境贡献价值进行了剖析。社会贡献主要体现为新增就业及带动产业发展，而环境贡献则主要表现为能源消耗及污染排放的降低，如表 3-1 所示。

表 3-1　企业价值评价指标构成

价值指标	指标细分	指标衡量
经济价值	账面价值	三项费用比重，原燃料成本，融资规模，业务利润，其他业务收入，股本报酬率，资产报酬率，资产升值
	市场价值	股票价格

① Diana，G. Repeated measures analysis on determinant factors of enterprise value［J］. Procedia Economics and Finance，2015，32：338－344.

② 买生，汪克夷，匡海波．企业社会价值评估研究［J］．科研管理，2011，32（06）：100－107.

续表

价值指标	指标细分	指标衡量
社会价值	社会贡献价值	新增就业岗位，引领产业发展
	环境贡献价值	降低能源消耗，减少污染物排放

三、低碳技术创新对企业价值影响

（一）低碳技术创新的原因

技术创新是指生产技术创新，包括新技术的开发和应用。而低碳技术创新，是企业围绕绿色发展，从生产技术的开发和应用上进行创新，为企业低碳发展提供技术支撑。包钢股份推进低碳技术创新，主要有以下两个原因：第一，国家“双碳”战略提出之后，国内钢铁企业的龙头企业先后开始了“双碳”发展，特别是宝钢、首钢、鞍钢等一大批钢铁企业已经初步实现了低碳转型，包钢股份与这些企业低碳发展差距正在被逐渐拉大。从企业的市场竞争而言，进行低碳技术创新，推动低碳发展，才是在未来持续保持市场竞争力的关键。第二，技术创新为企业发展注入根本动力。在企业的发展过程中，发展动力来自企业内外部诸多因素，其中技术创新是关键因素。科学技术是第一生产力，有了技术企业才能够生产出具有竞争优势的产品，更能在市场竞争中立于不败之地。尤其是低碳技术创新，能够显著促进企业的可持续发展，对企业有积极的影响作用①。对于包钢股份这样的钢铁企业而言，技术创新带给企业的推动力更加显著，无论是生产工艺上的创新，还是产品制造工艺上的创新，不仅能够让企业迅速从市场上占得先机，用低碳技术产品抢占低碳钢铁产品市场，还能够促进企业的可持续发展，对实现碳减排起到重要作用。

（二）低碳技术创新的措施

1. 产学研结合是推动低碳技术创新的主要途径

包钢股份作为内蒙古地区最大的钢铁生产企业和国家钢铁行业的领军者，从创设之初就坚持产学研结合技术创新之路，到目前为止，包钢股份的产学研合作对象涉及国际、国内诸多高校，如美国的哥伦比亚大学，国内的清华大学、兰州大学、上海大学及内蒙古地区诸多高校。而与包钢股份签署合作协议的科研机构更是不胜枚举，仅在 2020 年 12 月就一次与中国工业互联网研究院、中国信息通信研究院和华为技术有限公司等 16 家行业知名研究机构和企业代表签署战略合作协议。产学研结合已经成为包钢股份技术创新的主要途径。在低碳技术创新领域，包钢股份依然坚持着产学研结合的主要创新途径。其实包钢股份在“双碳”计划之前就已经开始与哥伦比亚大学展开广泛的产学研合作，2020 年包钢股份与美国哥伦比亚大学合资合作后，已能将炼铁炼钢废渣价值最大化，目前中试产线

① 解学梅，朱琪玮．企业绿色创新实践如何破解“和谐共生”难题？［J］．管理世界，2021，37（01）：128—149＋9.

已能够生产出纯度为99.3%的高纯碳酸钙，工业用途甚广，且高纯度碳酸钙市场需求量较大，产出的铁料正在包钢股份做再利用试验，预计第二阶段项目建成后，可具备年产高纯碳酸钙20万吨、铁料31万吨的生产能力。2021年，为了进一步推动企业低碳发展，包钢股份碳化法钢铁渣综合利用示范产业化项目开工奠基，而这一次包钢股份的合作伙伴依然是哥伦比亚大学，该项目为全球首套固废和二氧化碳矿化示范产业化项目，采用世界领先碳化法钢铁渣处理技术，不但减少了二氧化碳的释放还直接将二氧化碳作为原料参与反应，具有双重减碳效果，为钢铁行业清洁生产和实现碳中和提供了新的发展方向。

2. 自主创新是推动低碳技术创新的出路

包钢股份在注重产学研结合的同时也十分注重自主创新。首先，包钢股份为推动低碳技术的创新，从组织架构层面进行了顶层设计，建立起了低碳技术创新的组织体系。如图3-1所示，组织人事部负责低碳技术人才的招聘与培养，为低碳技术创新提供人才保障；财务部负责低碳技术的研发费用预算与投入，为低碳技术发展提供资金支持；制造部负责环保管理、能源管理、新产品管理，为低碳技术创新提供方向；设备工程部负责引入和推广低碳技术；总工室对低碳技术的技术创新进行终审，拥有最终决定权。除此之外，企业还设有两个独立的低碳技术部门，一个是包钢股份低碳能源管理中心，负责包钢股份低碳节能管理及动力运行管理，促进低碳发展；另一个是包钢股份技术中心低碳氢冶金研究所，负责开展低碳氢冶金技术研究及工业化应用。这些组织架构为低碳技术的发展提供了全方位服务。

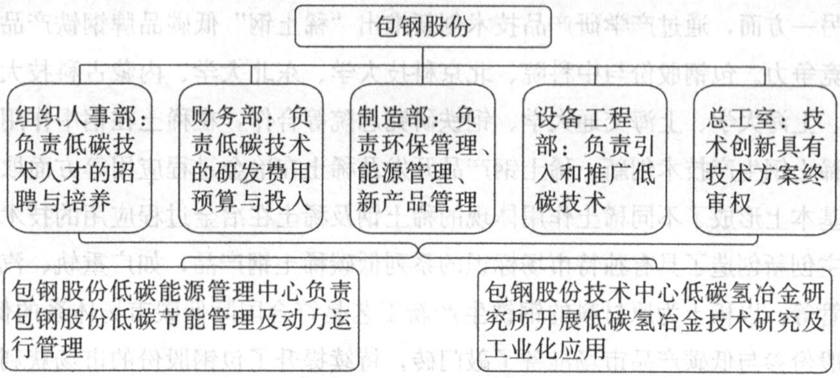

图3-1 包钢股份低碳技术创新组织架构

其次，低碳技术创新已形成部分研究成果。包钢股份自低碳战略实施以来，自主研发了钢铁产品生命周期评价在线系统，系统集数据采集、计算分析、结果展示等功能于一体。利用该系统，包钢股份进行了稀土、稀土钢等多个产品的全生命周期评价，并将评价结果应用于产品开发和工艺改进中。例如，通过评价发现钢铁产品的成材率是影响环境负荷的关键因素，现场生产时着重保证成材率，以实现能耗和环境排放最低。在此基础上，包钢股份牵头起草了稀土钢、铁精矿（露天开采）、烧结钕铁硼永磁材料等3项绿色设计产品评价标准，有9种产品纳入工业和信息化部绿色设计产品名单。“高效节能环保烧结技术及装备的研发与应用”荣获2017年度国家科技进步奖二等奖，“现代高炉最佳镁铝比冶炼技术的开发与应用”“高性能贝氏体/马氏体复相高强钢的研发与应用”“特大型露天矿多区段高效开采技术研究”分别荣获2018年度冶金行业科技进步奖一等奖、二等奖、三等奖。

（三）低碳技术创新的效果与路径分析

1. 低碳技术创新对企业经济价值的影响

首先，产学研促进技术创新，为企业收入带来了新的增长点。一方面，通过产学研结合的技术创新模式，在废弃物处理中引入低碳技术促进了废弃物的资源化利用，提升了企业的利润空间。包钢股份在低碳发展的过程中也实现了把以往当作垃圾的生产废弃物资源化，进一步提升了生产原材料的衍生价值，扩大了企业的利润空间。2020年，包钢股份3号锅炉DDS烟道气除尘脱硫脱硝环保改造工程投入试运行，将废气中脱除出来的二氧化硫、氮氧化物富集并转化为纯液态二氧化硫产品和硝酸盐产品，从而带来更多的利润。与美国哥伦比亚大学合资开发碳化法钢铁渣处理项目，利用钢铁渣及工业排放二氧化碳生产高纯碳酸钙、氧化铁、二氧化硅等产品，也提升了企业的利润空间。通过回转窑干法烧结高炉布袋灰渣，经过无害化综合处理后，既可供“回吃”，又可将钾、锌等元素分离出来，用于下游企业的生产，从而为企业提供新的经济增长点。在以上废弃物利用的技术创新的驱动下，包钢股份其他业务收入实现了绿色低碳发展后的总体提升。包钢股份推进低碳发展后，其他业务收入增长率达到了39.45%，由此可见废弃物技术创新带给企业经济价值的提升。另一方面，通过产学研产品技术创新推出“稀土钢”低碳品牌钢铁产品，增强了产品市场竞争力。包钢股份与中科院、北京科技大学、东北大学、内蒙古科技大学、太原理工大学、上海大学、上海交通大学、钢铁研究总院等合作，在稀土在钢中作用机理的学术完善、稀土钢生产技术创新、稀土钢产品开发及稀土在冶金过程应用等方面取得了丰厚的成果，基本上形成了不同稀土作用体现的稀土钢及稀土在冶金过程应用的技术体系；同时通过自主创新创造了具有独特市场标识的系列低碳稀土钢产品，如广重轨、汽车板、高钢级油套管等。以稀土为原材料的钢铁生产新工艺是符合国际低碳市场体系的低碳工艺，这为包钢股份参与低碳产品市场准备了敲门砖，持续提升了包钢股份的市场获利能力。如2020年内蒙古省际大通道工程全长2512公里，涉及内蒙古9个盟市、40多个旗县，是全国距离最长的一条省际大通道，包钢股份正是凭借其独有的稀土桥梁板赢得了这一大订单。此外，青藏铁路全程使用包钢钢轨。京沪高铁60%的钢轨产自包钢股份，汽车钢进军一汽、东风等知名车企，家电钢用在美的、长虹、创维等知名家电企业，在“一带一路”沿线国家和地区，包钢股份的“稀土高强钢”，用于苏伊士运河塞得港港口建设等，正是稀土钢在一个个国家级项目上的使用，展现出了稀土钢产品在钢铁产品市场竞争上的巨大优势，成为包钢股份营业利润的主要来源。据包钢股份公布的数据显示，截至2021年9月，公司的稀土业务收入仅占公司收入的5%，但稀土业务的利润却占到公司利润的

50%，这充分说明了稀土产品大幅提升了公司的盈利能力。

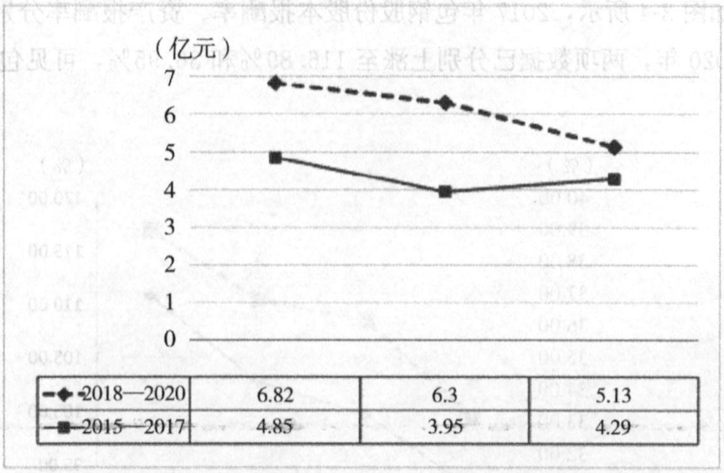

图 3-2　包钢股份 2015—2020 年其他业务收入

其次，通过原燃料控制环节的低碳技术自主创新，增强了企业的原燃料控制能力，削减了企业生产成本。包钢股份的余压余气节能减排发电项目通过自主技术创新 CCPP 发电项目，把生产过程中产生的余压余热回收发电，实现了企业的用电自足，仅 2021 年自发电完成 56.66 亿千瓦时，超过全年 2.26 亿千瓦时的目标，减少外购电费用 8190 万元，降低外购能源消耗 2.8 万吨标准煤。此外，诸如大型高炉高球比冶炼技术减少铁水损耗、高效节能环保烧结技术减少原材料损耗等技术创新层出不穷，生产单位产品所需原燃料水平逐年下降，能耗降低。从图 3-3 能够看出，2017—2020 年，包钢股份单位产品的原燃料成本呈下降趋势，占比从 77.10%下降到了 72.20%，更能够看出低碳技术创新提升了包钢股份原燃料成本控制能力，仅通过原燃料的控制就实现了单位产品成本下降近 5 个百分点。

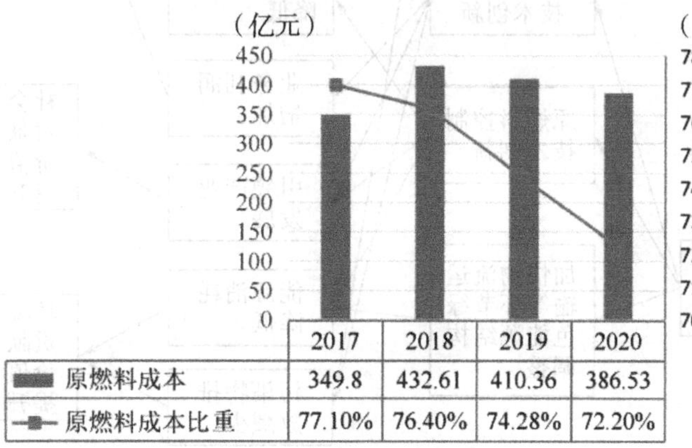

图 3-3　包钢股份原燃料成本及占比

综合来看，在当前国内外形势影响下，包钢股份虽然产能有所降低，但得益于稀土钢等低碳产品的推动，成本控制能力增强，企业盈利能力稳步提高，股本报酬率、资产报酬率逐年提升。如图 3-4 所示，2017 年包钢股份股本报酬率、资产报酬率分别为 99.41%和 30.90%，到 2020 年，两项数据已分别上涨至 116.89%和 36.95%，可见包钢股份盈利能力的稳步提升。

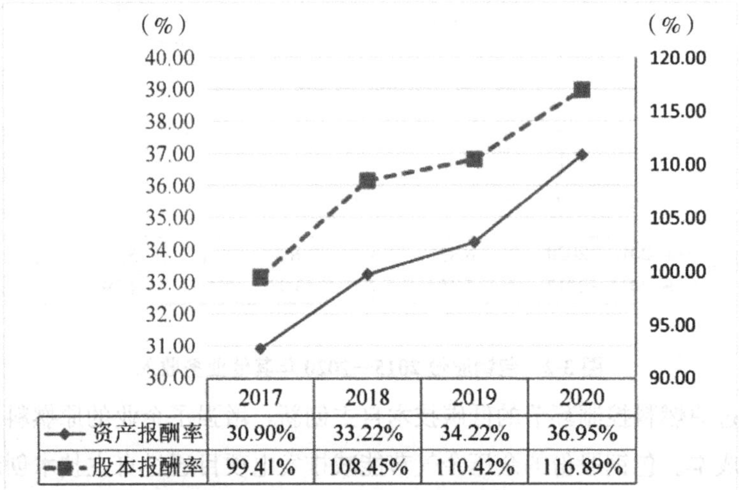

	2017	2018	2019	2020
资产报酬率	30.90%	33.22%	34.22%	36.95%
股本报酬率	99.41%	108.45%	110.42%	116.89%

图 3-4　包钢股份 2017—2020 年股本报酬率和资产报酬率

2. 低碳技术创新对企业社会价值的影响

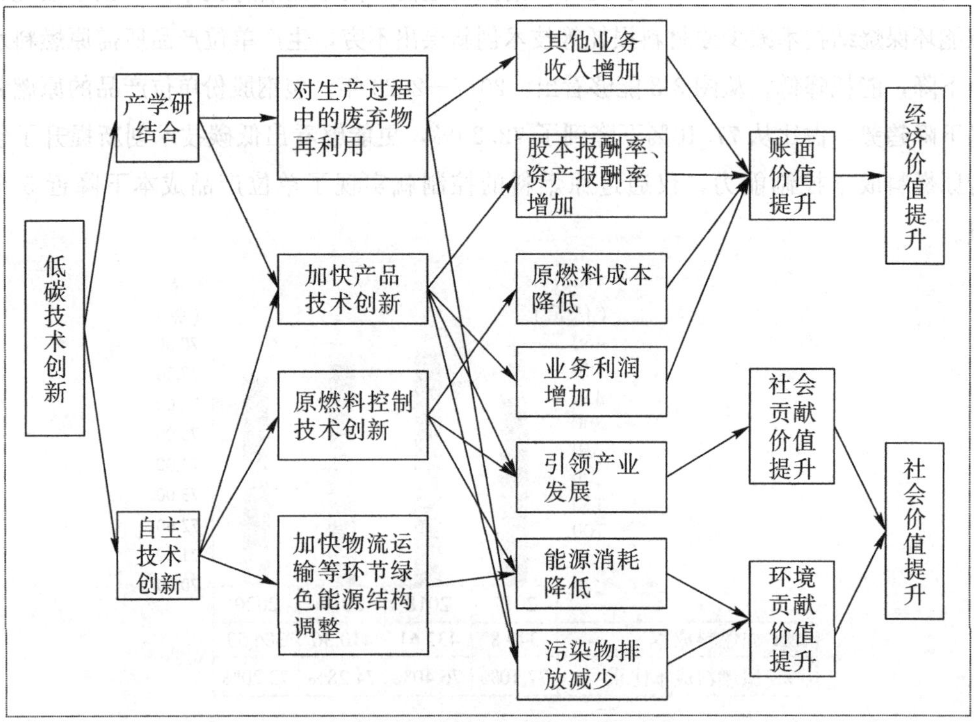

图 3-5　低碳技术创新对企业价值的影响路径

首先，低碳技术创新引领了钢铁产业的技术变革，促进了产业转型升级。钢铁行业同时作为国家工业的基础产业及高碳排放行业，是国家实施“双碳”战略的重点行业，实现钢铁行业低碳发展要有责任、有担当的钢铁企业先行先试，做好表率。包钢股份持续推动低碳发展，用技术创新引领钢铁行业的转型升级。一方面，包钢股份加快低碳关键工艺自主创新，取得氢冶金、二氧化碳资源化利用等重大技术突破，推行冶金炉窑余热余压回收利用、负能炼钢、焦炉干熄焦等技术，实现生产方式深刻变革。另一方面，包钢股份也加快了对低碳产品制造工艺的创新，特别是以稀土钢为代表的技术创新，引领了国内钢铁产业的技术研发热潮，推动了国内钢铁产业的升级发展。同时，包钢股份与行业龙头中国宝武旗下多个公司开展项目合作，如与宝武炭业合资建设 30 万吨焦油深加工项目，实现焦化产业转型升级；与宝钢股份举行钢管产业合作签约仪式，推进钢管产业合作专业化等。随着钢铁产业的低碳发展，与钢铁相关的产业也会相继走上低碳的发展道路，如汽车制造业、装备制造产业等，将会促进产业的深刻变革。

其次，低碳技术创新促进了企业的节能减排，减少了环境污染及能源消耗。其一，通过余压余气节能减排发电项目，利用技术创新把生产过程中产生的余压余热回收发电，减少外购电费用 8190 万元，降低外购能源消耗 2.8 万吨标准煤，实现了煤炭能源需求的减量。其二，通过对企业运输环节的低碳技术创新，用新能源汽车取代传统燃油汽车，在降低运输成本的同时，降低了运输环节的石油能源需求等。其三，通过增加企业对风能发电、太阳能发电等技术研发领域资金的投入，绿色动能将成为未来包钢股份主要的能源来源，传统能源结构对包钢股份的约束将越来越小。通过采取以上措施，包钢股份的煤炭、石油等传统能源消耗量得到有效削减，有助于解决我国当前面临的严峻的能源危机问题。

通过以上分析，我们能够得出低碳技术创新对包钢股份企业价值的影响路径，通过经济价值、社会价值两个方面来实现对包钢股份企业价值的影响。

第二节　绿色生产低碳技术创新发展的价值

本节为低碳技术创新影响中国绿色全要素生产率的实证分析部分，选取相关变量进行实证检验。

一、模型构建、变量及数据说明

（一）模型构建

基于上文理论分析，为验证假说，参考张江雪等（2015）的研究①，明确低碳技术创新对中国绿色全要素生产率的实际作用效果，构建如下基准回归模型：

$$GTFP_{it} = \alpha + \beta LCI_{it} + \gamma X_{it} + \mu_i + v_t + \varepsilon_{it} \tag{3-1}$$

① 张江雪，蔡宁，毛建素，等．自主创新、技术引进与中国工业绿色增长——基于行业异质性的实证研究 [J]．科学学研究，2015，33 (02)：185－194＋271.

式中，i 表示省份，t 表示年份；$GTFP_{it}$ 表示地区 i 在 t 年的绿色全要素生产率；LCI_{it} 为核心解释变量低碳技术创新；X_{it} 为控制变量，包括政府支出、固定资产投资、环境规制、人力资本、经济水平、外商直接投资；μ_i 和 v_t 分别表示个体效应和时间效应，以控制可能影响绿色全要素生产率的个体和时间趋势，ε_{it} 表示随机误差项。为进一步检验低碳技术创新影响绿色全要素生产率的内在机理，构建以能源强度和产业结构为中介变量的中介效应模型：

$$M=\alpha+\beta LCI_{it}+\gamma X_{it}+\mu_i+v_t+\varepsilon_{it} \tag{3—2}$$

$$GTFP_{it}=\alpha+\beta LCI_{it}+\lambda M+\gamma X_{it}+\mu_i+v_t+\varepsilon_{it} \tag{3—3}$$

式中，M 表示中介变量，包括能源强度和产业结构。根据中介效应检验的条件和原则，式（3—2）中的系数 β 和式（3—3）中的 λ 系数需同时显著，此时中介效应成立。继而根据式（3—3）中系数 β 的显著与否，判定对应的中介效应为完全中介效应或部分中介效应。

低碳技术创新对中国绿色全要素生产率的作用效果可能存在经济水平和环境规制强度的门槛效应。因此，为了考察和验证经济水平和环境规制强度差异所导致的低碳技术创新作用效果差异，采用能够量化变量差异并体现主体的作用效果特征的面板门槛模型，客观分析主体间不同经济水平、环境规制强度差异下，低碳技术创新影响绿色全要素生产率的效果。具体模型如下：

$$GTFP_{it}=\alpha+\beta_1 LCI_{it}\cdot I(PGDP_{it}\leqslant\eta)+\beta_2 LCI_{it}\cdot I(PGDP_{it}>\eta)+\gamma X_{it}+\mu_i+v_t+\varepsilon_{it} \tag{3—4}$$

$$GTFP_{it}=\alpha+\beta_3 LCI_{it}\cdot I(ER_{it}\leqslant\eta)+\beta_4 LCI_{it}\cdot I(ER_{it}>\eta)+\gamma X_{it}+\mu_i+v_t+\varepsilon_{it} \tag{3—5}$$

式（3—4）和式（3—5）中，i 表示省份，t 表示年份；$GTFP_{it}$ 表示地区 i 在 t 年的绿色全要素生产率；LCI_{it} 为核心解释变量低碳技术创新，表示地区 i 在 t 年的低碳技术专利申请量；X_{it} 为控制变量，μ_i 和 v_t 分别表示个体效应和时间效应，ε_{it} 表示随机误差项；其中，I 为指示性函数，η 为待估的门限值，$PGDP$ 表示经济水平，ER 表示环境规制强度。如果 $\beta_1=\beta_2$、$\beta_3=\beta_4$，则说明不存在门限效应，线性模型是合理的；如果不相等，说明低碳技术创新对绿色全要素生产率的影响不是一成不变，而是存在一个或多个门槛值，在门槛值的两侧低碳技术创新对绿色全要素生产率的影响存在差异。

为进一步探讨低碳技术创新在省域间的空间溢出效应，构建如下空间杜宾模型（Dynamic Spatial Durbin Model，SDM）：

$$GTFP_{it}=\alpha+\lambda WGTFP+\beta LCI_{it}+\theta WLCI_{it}+\gamma WX_{it}+\mu_i+v_t+\varepsilon_{it} \tag{3—6}$$

$$W_{ij}=\begin{cases}\dfrac{1}{d_{ij}^2} & \mathrm{i}\neq \mathrm{j}\\ 0 & \mathrm{i}=\mathrm{j}\end{cases} \tag{3—7}$$

式（3—7）中 d_{ij}^2 为地区之间的地理距离平方项，式（3—6）中 W 表示空间权重矩阵，λ 为空间滞后系数，反映了本地区绿色全要素生产率对邻近地区的影响；θ 表示低碳技术创新的空间滞后系数，反映了本地区低碳技术创新对邻近地区绿色全要素生产率的影响，如果该系数显著为正，说明本地区的低碳技术创新促进了邻近地区的绿色全要素生产率，显著为负则说明本地区的低碳技术创新抑制了邻近地区的绿色全要素生产率。

（二）变量选取

被解释变量：绿色全要素生产率（GTFP）。本书采用基于方向性距离函数的 GML 指数测度各省市区的绿色全要素生产率，并进行累乘处理。

核心解释变量：低碳技术创新（LCI）。目前，大部分研究使用研发投入（R&D）和专利活动作为衡量技术创新的近似指标，而研发投入并不一定形成技术创新成果，同时不是所有研发投入都用于低碳技术创新方面。因此使用研发投入表征低碳技术创新水平高估了实际的低碳技术创新水平。专利数据相较于研发投入，因自身高度的可拆性，学者可以具体地研究某一细分类别的技术创新活动的影响①。故本书选取专利数据表征低碳技术创新。同时考虑专利申请中 18 个月的公布期，故本书使用滞后两期每万人 CPC－Y02 专利申请量来表征各地区的低碳技术创新水平。

中介变量：能源强度（EI）和产业结构（IS）。能源强度在广泛研究中的表征大致相同，其一是单位 GDP 下的能源消耗，其二是单位能源下的 GDP 的产值。为保证中介效应检验过程中的符号一致性，本书使用 GDP 与能源消耗的比值表示能源强度，能源消费总量通过各终端能源消费量折算标准煤计算得出；学界普遍用二、三产业比值来度量产业结构升级，本书参考袁航和朱承亮（2018）的研究，使用第三产业与第二产业产值之比表示产业结构②。

控制变量：政府支出（GE），使用一般财政预算支出额与 GDP 的比重表示；固定资产投资（FI），用社会固定资产投资额与 GDP 的比重表示；环境规制强度（ER），采用环境污染治理投资总额与工业增加值的比重表示；人力资本（HC），采用人均受教育年限表示；外商直接投资（FDI），使用各省市外商直接投资与 GDP 的比值表示，其中实际利用外资额用当年平均汇率进行换算；经济水平（PGDP），采用各省市人均 GDP 表示，为减少模型的共线性和异方差，对其做对数处理。为避免反向因果带来的内生新问题，控制变量均采用滞后一期进行回归。

（三）数据说明

本书通过构建中国 30 个省份（香港、台湾、澳门、西藏除外）2000—2020 年的面板数据来研究低碳技术创新对中国绿色全要素生产率的影响。绿色全要素生产率部分的投入

---

① Du K，Li J. Towards a green world：How do green technology innovations affect total factor carbon productivity [J]. Energy Policy，2019，131：240－250.

② 袁航，朱承亮．西部大开发推动产业结构转型升级了吗？——基于 PSM－DID 方法的检验［J］．中国软科学，2018（06）：67－81.

指标中劳动和资本数据来源于《中国统计年鉴》；能源数据来源于《中国能源统计年鉴》，产出指标中，GDP数据来源于《中国统计年鉴》，二氧化碳数据通过IPCC核算得到，各能源消耗数据来源于《中国能源统计年鉴》。核心解释变量部分中的相关低碳技术创新专利申请量数据由代表特定的低碳技术领域新的“CPC－Y02”分类编码，具体从INCOPAT数据库通过精确检索获得低碳相关专利数据。中介变量部分中的能源强度中的能源消费总量来源于《中国能源统计年鉴》；产业结构数据来源于《中国统计年鉴》。控制变量部分中的政府支出、固定资产投资、外商直接投资和经济发展水平来源于《中国统计年鉴》和各省市的统计年鉴；人力资本数据来源于《中国劳动统计年鉴》；环境规制强度数据来源于《中国环境统计年鉴》。总样本中，由于年鉴的缺失和相关指标的统计口径变化，部分变量存在缺失。故对于部分变量的缺失值，本书采用多重插值法和平均增长率法对其进行插补，保证样本的合理性和完整。

二、基准模型估计结果分析

（一）数据平稳性检验与描述性统计

本书使用中国30个省份2000—2020年的面板数据作为研究样本。为避免面板数据存在单位根所带来的传统T检验失效和伪回归所带来的研究结果偏离真实值的情况，本书使用LLC、IPS和ADF三种方法检验面板数据中各变量的平稳性。表3-2汇报了检验结果，LLC、IPS和ADF的检验统计量都显著拒绝了面板数据存在单位根的原假设，即本书面板数据所选的各变量是平稳的。

表3-2　面板数据平稳性检验

变量	LLC检验	IPS检验	ADF检验	结论
GTFP	−2.778***	−4.723***	4.309***	平稳
LCI	−4.969***	−2.299**	8.421***	平稳
GE	−6.598***	−13.629***	4.611***	平稳
FI	−1.898**	−1.826**	1.766**	平稳
ER	−1.925**	−6.854***	3.224***	平稳
HC	−4.572***	−2.869***	9.872***	平稳
PGDP	−8.228***	−1.842**	7.975***	平稳
FDI	−41.227***	−14.793***	2.193**	平稳
EI	−6.676***	−9.836***	25.589***	平稳
IS	−2.489***	−2.534***	1.929**	平稳

注：*、**、***分别表示10%、5%、1%水平上显著。

表3-3汇报了各变量的描述性统计，各变量标准差没有出现较大波动，说明本书选取的样本数据较为平稳。各解释变量的方差膨胀因子均小于10，表明所选变量不存在多重共

线性问题，本书的模型构建良好。

表 3-3 描述性统计

变量	样本量	均值	标准差	最小值	最大值	方差膨胀因子
GTFP	600	1.193	0.275	0.791	2.995	/
LCI	600	0.539	0.913	0.003	7.047	2.07
GE	600	0.251	0.299	0.062	4.457	5.45
FI	600	0.467	0.151	0.148	0.933	1.52
ER	600	0.004	0.004	0	0.029	1.63
HC	600	8.543	1.092	5.438	12.782	4.24
PGDP	600	10.124	0.865	7.887	12.009	5.49
FDI	600	0.034	0.069	0	0.946	5.17
EI	600	1.225	0.837	0.208	5.805	3.03
IS	600	1.013	0.541	0.494	5.124	2.82

注：该表汇报三位有效小数，ER 和 FDI 的最小值分别为 0.000359 和 0.0001032，故显示为 0。

（二）基准模型估计结果

为了检验低碳技术创新对中国绿色全要素生产率的影响作用，本书采用固定时间和地区的双固定效应模型对式（3－1）进行回归检验。表 3-4 汇报了基准回归结果，表中列（2）至列（4）逐步加入控制变量。列（1）结果显示在没有加入任何控制变量的情况下，低碳技术创新系数为 0.075，在 1%水平下显著为正。在逐步加入控制变量后，核心解释变量系数逐渐减小，且在加入全部控制变量后系数依然显著为正。核心解释变量的系数大小变化和依次加入控制变量后可决系数的变化，证明了本书所选控制变量的合理性。同时回归过程中核心解释变量系数大小和方向没有发生明显变化，侧面证明了基准结果的稳健性。列（4）的回归显示，在控制了时间、个体效应和控制变量的情况下，低碳技术创新系数为 0.061，并通过了 1%水平下的显著性检验，说明低碳技术创新能够显著促进中国绿色全要素生产率的增长，表明整体上低碳技术创新在实际的应用中发挥了自身正外部性的特征，促进经济发展的同时优化了人居环境，促进了中国经济的可持续发展。对于控制变量，政府支出的系数为 0.3，并通过了 10%水平下的显著性检验，说明表明政府对公共服务和民生的改善为中国绿色全要素的增长提供了有力的保障；固定资产投资的系数为 0.25，并在 1%显著性水平下为负，说明固定资产投资抑制了中国绿色全要素生产率，可能原因是目前固定资产投资依然集中于房地产和工业园的建设，挤占了研发资金，通过基础设施的提升来促进技术和知识的扩散存在一定的时滞，短期内作用效果不显著；环境规制强度变量系数为 11.115，并且在 1%水平下显著为负，说明当前整体上我国的环境规制所造成的“规制成本”要大于“创新补偿”效应，因此整体上对中国绿色全要素生产率表现为抑制作用；人力资本、外商直接投资和经济水平变量系数在本书研究样本估计中不显著。

表 3-4 基准回归结果

变量	(1) GTFP	(2) GTFP	(3) GTFP	(4) GTFP
LCI	0.075 * * * (7.98)	0.057 * * * (5.23)	0.060 * * * (5.58)	0.061 * * * (5.39)
GE		0.096 (0.60)	0.290 * (1.84)	0.300 * (1.86)
FI		−0.228 * * * (−4.21)	−0.240 * * * (−4.57)	−0.250 * * * (−4.33)
ER			−11.165 * * * (−6.22)	−11.115 * * * (−6.16)
HC			−0.012 (−0.52)	−0.014 (−0.58)
PGDP				0.012 (0.31)
FDI				0.094 (0.25)
Constant	1.075 * * * (60.95)	1.143 * * * (33.04)	1.267 * * * (6.96)	1.172 * * * (3.36)
个体效应	控制	控制	控制	控制
时间效应	控制	控制	控制	控制
N	540	540	540	540
R^2	0.245	0.271	0.325	0.325

注：*、**、***分别表示 10%、5%、1%水平上显著，括号中的值为 T 统计量。

（三）稳健性检验

为进一步保证研究结果的稳健性，本书进行了如下稳健性检验。

1. 内生性处理

在面板回归中难免存在部分内生性问题，破坏参数估计的“一致性”。产生内生性的主要原因在于遗漏变量偏差、样本选择偏差、双向因果等。本书选取一定的控制变量并结合固定效应模型进行基准估计，同时本书样本为中国 30 个省份的面板数据，因此已经在一定程度上控制了遗漏变量和样本选择偏误造成的内生性问题。本节重点研究低碳技术创新对绿色全要素生产率的影响，绿色全要素生产率的提升或反过来促进低碳技术创新，可能存在双向因果，故内生性主要集中于双向因果，因此使用系统 GMM 动态面板模型进行估计。为更好地处理双向因果造成的内生性问题，参考 Lewbel（2012）的做法，使用内生变量对模型中其他外生变量进行回归后的残差和去中心化后外生变量的乘积作为工具变量，并结合两阶段最小二乘法进行检验①。根据表 3-5 中的系统 GMM 估计结果，核心解释变量的估计结果与基准回归结论保持一致。同时工具变量的估计数同样与基准估计一致，并且通过了不可识别、弱工具变量和过度识别检验，说明处理双向因果造成的内生性问题后，本书基准回归所得结论依然成立。

2. 替换核心解释变量

核心解释变量低碳技术创新为相关专利的历年申请量，为低碳技术创新的增量，而被解释变量绿色全要素生产率为累乘的存量，因此为避免使用低碳技术创新流量估计绿色全要素生产率存量所造成的偏误，在此将各省市历年的低碳技术创新申请量进行累加处理，得到低碳技术创新的存量，并以此重新估计低碳技术创新对绿色全要素生产率的影响，估计结果如表 3-5 所示，在使用低碳技术创新存量替换低碳技术创新流量后，核心解释变量系数依然显著为正，与基准回顾结果保持一致，表明本书基准回归结果的稳健性。

3. 剔除异常值

在本书研究样本中，被解释变量绿色全要素生产率由相关投入和产出变量测算得到。因此在测算的结果中可能存在离群的或大或小的极端值。为避免离群值对估计结果的偏误，对被解释变量绿色全要素生产率进行 1%的缩尾处理。表 3-5 的估计结果显示，缩尾处理后低碳技术创新系数依然显著为正，再次证明基准回归结果的稳健性。

4. 剔除直辖市

有学者提出在中国的省域研究中，直辖市的样本或造成统计上的差异②。为此将研究样本中的北京、上海、天津、重庆的样本删除，重新对基准模型回归检验。表 3-5 的估计结果显示，在剔除直辖市的样本后，低碳技术创新的系数大小和显著性未发生明显变化。由此基准回归的结论是稳健的，即低碳技术创新显著促进了中国绿色全要素生产率的增长。

表 3-5 稳健性检验估计结果

变量	系统 GMM	工具变量	替换变量	缩尾处理	剔除直辖市
LCI	0.016＊＊＊ (4.81)	0.054＊＊＊ (8.06)	0.010＊＊＊ (6.88)	0.066＊＊＊ (7.74)	0.065＊＊＊ (4.30)
L. GTFP	1.025＊＊＊ (267.97)				

① Lewbel A. Using heteroscedasticity to identify and estimate mismeasured and endogenous regressor models [J]. Journal of Business & Economic Statistics, 2012, 30 (1): 67－80.

② 邵军，施震凯，朱俊明．进口贸易与中国城市的绿色转型发展——基于绿色全要素生产率的研究［J］．国际贸易问题，2020（12）：51－64.

续表

变量	系统 GMM	工具变量	替换变量	缩尾处理	剔除直辖市
不可识别检验		20.102***			
弱工具变量检验		148.755			
过度识别检验		0.171			
控制变量	控制	控制	控制	控制	控制
N	540	540	540	540	468

注：*、**、***分别表示10%、5%、1%水平上显著，括号中的值为T统计量。

三、中介效应检验

（一）能源强度中介效应

在基准回归之后，本书进一步检验能源强度和产业结构的中介效应。根据中介效应模型的检验步骤，对式（3—2）和式（3—3）进行回归检验，回归结果如表3-6所示。表3-6中列（2）为式（3—2）的检验结果，其中核心解释变量的估计系数显著为正，表明低碳技术创新有利于能源强度的降低，满足中介效应检验的基本前提。现实中，低碳技术创新的应用能够提高生产过程中的能源利用效率，从而在提升生产效率的同时降低能源的投入。进一步检验式（3—3）中的中介变量系数显著性，列（3）的估计结果显示，能源强度的系数在1%水平下显著为正，结合列（2）中的估计结果，表明存在能源强度的中介效应，并且低碳技术创新能够通过能源强度的中介渠道正向促进中国绿色全要素生产率。列（3）的核心解释变量系数大小为0.060，略小于基准回归的估计系数，间接证明了中介效应。同时列（3）中低碳技术创新系数的显著性说明能源强度的中介效应表现为部分中介效应，并且计算可知，能源强的中介效应大约占总效应的11.1%。

表3-6　能源强度中介效应检验

变量	(1) GTFP	(2) EI	(3) GTFP
LCI	0.061*** (5.39)	0.102*** (3.55)	0.060*** (6.48)
EI			0.074*** (5.00)
GE	0.300* (1.86)	−1.167*** (−2.76)	0.473*** (3.50)
FI	−0.250*** (−4.33)	0.669*** (6.05)	−0.217*** (−5.93)

续表

变量	(1) GTFP	(2) EI	(3) GTFP
ER	−11.115＊＊＊ (−6.16)	6.268 (1.35)	−5.298＊＊＊ (−3.58)
HC	−0.014 (−0.58)	0.003 (0.05)	−0.024 (−1.22)
PGDP	0.012 (0.31)	−1.062＊＊＊ (−9.98)	0.115＊＊＊ (3.08)
FDI	0.094 (0.25)	−3.515＊＊＊ (−3.47)	0.350 (1.07)
Constant	1.172＊＊＊ (3.36)	11.492＊＊＊ (12.14)	0.190 (0.55)
个体效应	控制	控制	控制
时间效应	控制	控制	控制
N	540	540	540
R^2	0.245	0.795	0.344

注：＊、＊＊、＊＊＊分别表示10%、5%、1%水平上显著，括号中的值为T统计量。

（二）产业结构中介效应

与能源强度的检验思路一致，分别检验式（3−3）和式（3−4）来判断中介效应是否存在。表3-7的列（2）显示核心解释变量系数在1%水平下显著为正，表明低碳技术创新对产业结构的影响显著为正，低碳技术创新促进了产业结构的升级。列（3）中产业结构系数在1%水平下显著为正，说明存在低碳技术创新通过促进产业结构升级，进而促进中国绿色全要素生产率的中介效应。同时列（3）中核心解释变量系数显著为正，并小于基准回归中的低碳技术创新系数，表明低碳技术创新对中国绿色全要素生产率的中介作用为部分中介。经计算，低碳技术创新通过产业结构升级影响中国绿色全要素生产率的间接效应约占总效应的7.5%。对比可知，能源强度的中介效应略大于产业结构的中介效应，可能原因是低碳技术创新的应用能够较快改善企业生产过程的能源消耗情况，且该中介路径相对成本较低。而低碳技术创新虽然能够通过产业转型升级促进绿色全要素生产率的提升，但产业结构转型升级周期较长，且产业结构升级不能完全依靠市场行为，市场最优不等同于宏观整体最优，可能存在一定的投机行为和不确定性。

表 3-7 产业结构中介效应检验变量

变量	(1) GTFP	(2) IS	(3) GTFP
LCI	0.061*** (5.39)	0.024*** (3.33)	0.056*** (4.91)
IS			0.213*** (3.06)
GE	0.300* (1.86)	−1.167*** (−2.76)	0.473*** (3.50)
FI	−0.250*** (−4.33)	−0.097*** (−2.61)	−0.229*** (−3.98)
ER	−11.115*** (−6.16)	0.219 (0.19)	−11.162*** (−6.24)
HC	−0.014 (−0.58)	−0.034** (−2.16)	−0.007 (−0.29)
PGDP	0.012 (0.31)	0.080*** (3.12)	−0.005 (−0.12)
FDI	0.094 (0.25)	0.163 (0.67)	0.059 (0.16)
Constant	1.172*** (3.36)	−0.103 (−0.46)	1.194*** (3.45)
个体效应	控制	控制	控制
时间效应	控制	控制	控制
N	540	540	540
R^2	0.245	0.342	0.338

注：*、**、***分别表示10%、5%、1%水平上显著，括号中的值为T统计量。

四、异质性检验

（一）地区异质性

为进一步考察低碳技术创新对绿色全要素生产率影响的区域异质性，本节首先将全国样本分为东部、中部和西部三个组进行回归检验，回归结果如表 3-8 所示。回归结果显示东部地区和中部地区的估计系数显著为正，系数均为 0.070，略大于全国样本的估计系数，并且都通过了显著性检验，而西部地区的低碳技术创新估计系数没有通过显著性检验。说明低碳技术创新只在东部和中部地区显著促进了绿色全要素生产率，而在西部地区作用效果不明显。研发资本一般会决定技术创新和技术应用的广度和深度，而经济发达地区的研发资本规模更大。东部地区和中部地区相比于西部地区研发资本更加充裕，且技术活动更为活跃，更有利于低碳技术的研发和应用。

表 3-8 不同地区异质性

变量	全国	东部	中部	西部
LCI	0.061***	0.070***	0.070*	0.101
	(5.39)	(9.67)	(1.94)	(0.87)
Constant	1.172***	2.417***	−0.360	2.118*
	(3.36)	(6.68)	(−0.52)	(1.49)
控制变量	控制	控制	控制	控制
个体效应	控制	控制	控制	控制
时间效应	控制	控制	控制	控制
N	540	198	144	198
R^2	0.308	0.766	0.341	0.228

注：*、**、***分别表示 10%、5%、1%水平上显著，括号中的值为 T 统计量。

（二）经济水平异质性

为了挖掘低碳技术创新影响绿色全要素生产率的更深层次的经济含义，本节针对“经济水平”这一因素进行了进一步的分样本回归检验，试图找出地区异质性的根本原因。具体的设计是：通过计算样本 GDP 的均值，并以此为基准将样本分为发达地区和发展中地区，同时为避免分组的主观选择性问题，参考《中国省域经济综合竞争力发展报告》中将各省域的经济综合竞争力量化为宏观经济竞争力、产业竞争力、可持续发展竞争力、财政金融竞争力、知识经济竞争力等 9 个细分指标进行打分排名。本节以此综合排名进行分组，将排名前 15 的省份分为高经济竞争力地区，后 15 名分为低经济竞争力地区，回归结果如表 3-9 所示。可以看到在 GDP 样本均值分组下，低碳技术创新在发达地区显著促进了绿色全要素生产率，而在低发展中地区的促进作用不显著。同时高经济竞争力地区低碳技术创新显著促进绿色全要素生产率，而在经济竞争力地区却不显著。低碳技术创新在经济水平较高的地区能够更好地促进绿色全要素生产率，而在经济水平较低的地区作用效果并不显著。事实上，经济较为发达的地区不仅拥有更充足的研发资本，还拥有更好的基础设施；发达地区经济竞争力强，有利于吸引周边人才涌入，提供了良好人力资本条件；发达地区拥有较高的人均收入，居民对生活环境的要求更高，具有更强的环境保护意识和绿色消费意识。相比于经济发达的地区，经济欠发达地区落后的基础设施和人力资本限制了低碳技术的研发和应用，而更为重要的是经济欠发达地区本身发展起步晚，且发展过程中长期依赖于单一的发展模式，存在一定的路径依赖。此时低碳技术并不能显著提高当地的产出，反而挤占了原本的投资。此外，经济欠发达地区政府对企业的环境规制更多依赖于强制的行政手段，而不是如碳排放交易的市场化手段进行调控，企业进行低碳技术创新活动的意愿较低。

表 3-9 不同经济水平异质性

变量	发达地区	发展中地区	高经济竞争力	低经济竞争力
LCI	0.054＊＊＊ (7.21)	0.122 (1.27)	0.045＊＊＊ (5.69)	0.057 (0.71)
Constant	1.233＊＊＊ (2.99)	1.803＊＊＊ (2.10)	0.825＊＊＊ (3.08)	0.865 (1.47)
控制变量	控制	控制	控制	控制
个体效应	控制	控制	控制	控制
时间效应	控制	控制	控制	控制
N	288	252	270	270
R^2	0.506	0.241	0.702	0.200

注：＊、＊＊、＊＊＊分别表示10%、5%、1%水平上显著，括号中的值为T统计量。

（三）环境规制强度异质性

为进一步考察不同环境规制强度下低碳技术创新对绿色全要素生产率影响效果的异质性，本节以样本环境规制强度变量均值为界限，将样本分为高环境规制强度地区和低环境规制强度地区两个子样本进行检验。从表 3-10 中回归结果可以看出，低碳技术创新系数在环境规制强度较高和较低的地区分别为 0.068 和 0.054，且都通过了 1%水平下的显著性检验，说明低碳技术创新无论是在环境规制强度较高还是较低的地区都能显著促进绿色全要素生产率的增长。通过对比高环境规制强度地区和低环境规制强度地区的系数大小可知，高环境规制强度地区的低碳技术创新对绿色全要素生产率的促进作用要高于环境规制强度较低的地区，说明随着环境规制强度的提高，能够进一步释放低碳技术创新对绿色全要素生产率的促进作用。事实上，随着政府环境规制手段的不断完善，环境规制已经由原来的政府主导的强制性规制手段渐渐转向以市场为主体的“柔性”环境规制手段，例如，碳交易制度使二氧化碳等温室气体排放权成为一种商品，增加了其稀缺属性。充分利用低碳技术创新能力较强的企业富余的节能减排能力，可以合理配置企业间的低碳技术创新资源。同时，对于低碳技术而言，技术市场的不断完善能够降低低碳技术使用成本，有利于低碳技术的大面积推广和应用，从而进一步提升绿色全要素生产率。

表 3-10 环境规制强度异质性

变量	高环境规制强度	低环境规制强度
LCI	0.068＊＊ (2.17)	0.054＊＊＊ (6.34)

续表

变量	高环境规制强度	低环境规制强度
Constant	0.145 (0.17)	1.781*** (6.69)
控制变量	控制	控制
个体效应	控制	控制
时间效应	控制	控制
N	252	288
R^2	0.340	0.554

注：*、**、***分别表示10%、5%、1%水平上显著，括号中的值为T统计量。

五、经济水平、环境规制强度的门槛效应检验

异质性检验分析中具体讨论了低碳技术创新的地区、经济水平和环境规制强度的异质性。其中，经济水平异质性检验发现低碳技术创新只在经济水平较高的地区呈现显著的促进作用；在环境规制强度较高的地区，低碳技术创新对绿色全要素生产率的促进作用强于规制强度较低的地区。一方面，环境库兹涅茨曲线理论认为一国的环境污染程度会随着人均收入的增加呈现先增后减的变化趋势。另一方面，已有研究表明，环境规制对绿色全要素生产率的作用效果具有非线性的特征。同时，异质性检验部分也出现了类似的结果。为此，将进一步使用门槛面板模型对低碳技术创新影响中国绿色全要素生产率的经济水平和环境规制强度的异质性进行检验，探究是否存在低碳技术创新影响绿色全要素生产率的经济水平和环境规制门槛效应。

（一）经济水平门槛效应

为探究经济水平的门槛效应，首先需要确定门限个数及显著性。因此首先采用Hansen（1999）采用的Bootstrp自抽样法对经济水平进行500次的自抽样，Bootstrp自检验结果如表3-11所示。自检验结果显示经济水平在单一门槛和双重门限假设下的P值都在1%水平下拒绝了原假设，而三重门并未通过显著性检验，说明低碳技术创新对绿色全要素生产率的作用效果存在经济水平关系的双重门槛特征。观察经济水平的双重门槛值发现：低碳技术创新对绿色全要素生产率的作用效果分别在经济水平为8.668（第一个门槛）和8.708（第二个门槛）时发生了变化，即两个门槛值将经济水平分为（0，8.668）、（8.668，8.708）和（8.708，12.009）的三个区间。

表 3-11　经济水平门槛检验

门槛个数	门槛值	F值	P值	置信区间		
				1%	5%	10%
单一门槛	8.708***	84.41	0.000	53.735	34.540	28.231
双重门槛	8.668***	79.84	0.000	35.554	25.749	22.213
	8.708***	79.84	0.000	35.554	25.749	22.213
三重门槛	8.802	6.29	0.536	123.004	83.150	56.935

注：*、**、***分别表示10%、5%、1%水平上显著，括号中的值为T统计量。

根据上述门槛值和个数的初步检验，使用面板门槛模型对三个经济水平区间内低碳技术创新对绿色全要素生产率的影响进行回归估计，回归结果如表 3-12 所示。可以发现，当经济水平小于 8.668 时，低碳技术创新对绿色全要素生产率的作用效果为－4.845，即低碳技术创新抑制了绿色全要素生产率。当经济水平在（8.668，8.708）区间内时，低碳技术创新的系数依然显著为负，系数由－4.845 变为－25.762。在该经济水平区间内低碳技术创新对绿色全要素生产率的抑制作用进一步加强。而当经济水平大于 8.708 时，低碳技术创新系数由－25.762 变为 0.054，且通过了 1%水平下的显著性检验，说明在经济水平越过第二个 8.708 的门槛时，低碳技术创新对绿色全要素生产率的影响效果由负转正，显著促进了绿色全要素生产率。该结果意味着低碳技术创新对绿色全要素生产率的作用效果在不同经济水平下存在明显差异，存在经济水平的双门槛。具体而言，低碳技术创新在较低经济水平下会抑制绿色全要素生产率的增长，且有一个程度加深的过程；当经济水平越过一定门槛后，低碳技术创新对绿色全要素生产率的影响会由抑制转为促进。一般而言，在实际中经济水平较低的地区，相关的基础设施、研发投入、人力资本等条件较为落后，本地企业、居民缺乏低碳生产和环境保护的意识，无论是低碳技术的研发还是低碳技术创新的应用都受到了限制。此外，经济条件落后的地区还存在路径依赖问题，并未摆脱传统的“要素驱动”发展模式。此时低碳技术创新的应用并不能改善生产情况，反而给企业生产带来巨大的成本。随着经济水平的提高，相应的基础设施、研发投入、人力资本等条件有了一定的提升，但企业面临着进行低碳技术创新活动和应用低碳技术所带来的前期成本和不确定性风险。同时低碳技术创新没有形成大面积、全行业的普及和应用，无法达到规模化效应，因此在该阶段，低碳技术创新应用所导致的转型“阵痛”在所难免。当经济水平进一步提升并跃升到一定水平后，企业对低碳技术创新的应用调整了生产策略，并完成了生产要素的优化配置，此时低碳技术创新充分发挥其规模效应和节能减排效应，提升企业生产效率的同时改善其生产过程中的污染排放情况，提高了绿色全要素生产率，从而推动经济高质量增长。

表 3-12 经济水平门槛效应分析

变量	GTFP	标准差	T值	P值	95%置信区间	
GE	−0.008	0.127	(−0.06)	0.951	−0.257	0.242
FI	−0.282 * * *	0.047	(−5.99)	0.000	−0.374	−0.189
ER	−4.983 * * *	1.563	(−3.19)	0.002	−8.053	−1.911
HC	−0.037 * *	0.017	(−2.11)	0.036	−0.072	−0.002
FDI	−0.211	0.339	(−0.62)	0.535	−0.877	0.456
PGDP<8.668	−4.845 * * *	1.491	(−3.25)	0.001	−7.775	−1.914
8.668≤PGDP<8.708	−25.762 * * *	2.005	(−12.84)	0.000	−29.702	−21.821
PGDP≥8.708	0.054 * * *	0.008	(6.26)	0.000	0.037	0.070
Constant	1.309 * * *	0.106	(12.32)	0.000	1.100	1.517
R^2	0.406					

注：*、* *、* * *分别表示 10%、5%、1%水平上显著，括号中的值为 T 统计量。

（二）环境规制强度门槛效应

进一步检验不同环境规制强度下低碳技术创新影响绿色全要素生产率的差异。和上文步骤相同，首先利用 Bootstrp 自抽样法确定环境规制强度的门槛是否存在和门槛个数，结果如表 3-13 所示，结果显示环境规制强度的三重门槛和双重门槛检验都未通过显著性检验，但单一门槛通过了显著性检验，说明存在环境规制强度为 0.011 的单一门槛，即低碳技术创新对绿色全要素生产率的作用效果在以 0.011 为界的两个环境规制强度区间内存在差异。

表 3-13 环境规制强度门槛检验

门槛个数	门槛值	F值	P值	置信区间		
				1%	5%	10%
单一门槛	0.011	12.72 * *	0.045	21.416	11.721	9.032
双重门槛	0.002	4.68	0.380	19.795	15.396	11.491
	0.011	4.68	0.380	19.795	15.396	11.491
三重门槛	0.014	2.35	0.710	23.089	14.390	10.976

注：*、* *、* * *分别表示 10%、5%、1%水平上显著，括号中的值为 T 统计量。

进一步使用面板门槛模型检验低碳技术创新影响绿色全要素生产率的环境规制强度门槛效应，从表 3-14 的回归结果来看，当环境规制强度在（0，0.011）区间内，低碳技术创新系数为 0.004，并通过 1%水平下的显著性检验，说明在该环境规制强度区间内，低碳技术创新显著促进了绿色全要素生产率。当环境规制强度越过 0.011 的门槛值时，核心解释变量的系数由 0.004 变为 0.112，且通过了显著性检验。综合两个环境规制强度区间的回归结果可以发现，在不同环境规制强度区间内低碳技术创新都能够显著提高绿色全要素生产率，但随着环境规制强度的不断提高并越过门槛值时，低碳技术创新对绿色全要素生产率的促进效果得到了加强，存在环境规制强度的单门槛。综合面板门槛模型回归结果可以得出以下结论：一方面，环境规制有利于低碳技术创新提升绿色全要素生产率；另一方面，适当加强环境规制强度将加强低碳技术创新对绿色全要素生产率的促进作用，这也变相验证了强波特假说。该结果也进一步验证了环境规制异质性部分的结果。实际上，环境规制是当代经济发展不得不考虑的重要因素。随着环境规制的不断加强，市场主导型的环境规制手段作用越发凸显，例如排污收费或征税制度、排污权交易制度、碳交易制度等市场主导型环境规制政策体系不断丰富和成熟，相应的低碳技术市场逐步完善。相关低碳技术创新成果成本逐渐下降，降低了企业应用低碳技术创新的成本，实现了环境规制的创新补偿效应，从而有利于进一步提高绿色全要素生产率。

表 3-14 环境规制强度的门槛效应分析

变量	GTFP	标准差	T 值	P 值	95%置信区间	
GE	0.182 ***	0.056	3.26	0.951	0.007	0.291
FI	−0.279 ***	0.057	4.91	0.000	−0.391	−0.168
ER	0.002	0.021	0.12	0.036	−0.038	0.043
HC	0.018	0.019	0.93	0.026	−0.021	0.056
FDI	1.044 ***	0.247	−4.22	0.535	−1.529	−0.557
ER<0.011	0.004 ***	0.001	3.10	0.001	0.002	0.007
ER≥0.011	0.112 ***	0.031	3.55	0.000	0.050	0.173
Constant	1.165 ***	0.108	10.71	0.000	0.951	1.378
R^2	0.406					

注：*、**、***分别表示 10%、5%、1%水平上显著，括号中的值为 T 统计量。

六、低碳技术创新的空间溢出效应

（一）低碳技术创新空间自相关性检验

以下内容将就低碳技术创新的空间效应进行检验分析。首先在空间计量模型中有一个重要的前提假设，即变量必须存在空间相关性，才能进行后续的空间效应检验。因此首先需要计算低碳技术创新的莫兰指数，并以此来判断低碳技术创新的空间相关性。对于低碳技术创新，莫兰指数（Moran I）计算公式如式（3−8）所示，i 和 j 表示个体，$\bar{x}$ 和 s 表示均值和标准差。计算结果在［−1，1］区间内波动，正值表示总体上表现为正向的空间相关，取值越大则互动程度越强；负值表示负向相关，越接近于−1 则相关程度越高；零表示空间不相关。运用 Z 统计量对莫兰指数进行显著性检验，识别空间互动是否显著。

$$Moran\ I=\frac{\sum_{i,\ j}w_{ij}(x_i-\bar{x})(x_j-\bar{x})}{s^2\sum_{i,\ j}w_{ij}} \tag{3-8}$$

我国经济发展过程中，低碳技术创新存在显著的空间联动效应，且这种空间的联动关系随着时间的推移在不断加强。

（二）低碳技术创新空间溢出效应检验

通过低碳技术创新的莫兰指数检验证实低碳技术创新在空间上呈现较强的空间相关性，满足空间效应检验的前提假设。以下内容将使用空间杜宾模型来进一步讨论低碳技术创新是否在空间上对邻近地区的绿色全要素生产率产生影响，即检验低碳技术创新的空间溢出效应。首先在空间杜宾模型检验前，对选取的空间杜宾模型适配性进行检验。表 3-15 给出了检验结果。LM_{error} 和 LM_{lag} 的统计量分别在 1%显著性水平下拒绝原假设，说明应选取包含空间误差项和空间滞后项的空间杜宾模型进行检验。$Wald_{error}$ 和 $Wald_{lag}$ 的统计量同样在 1%显著性水平下拒绝原假设，说明选取的空间杜宾模型不会退化为空间滞后模型和空间误差模型，也证明了选取空间杜宾模型的合理性。

表 3-15 SDM 模型适配性检验

统计检验	T 统计量	P 值	结论
LM_{error}	73.36＊＊＊	0.000	拒绝原假设
LM_{lag}	1030.18＊＊＊	0.000	拒绝原假设
$Wald_{error}$	211.46＊＊＊	0.000	拒绝原假设
$Wald_{lag}$	206.40＊＊＊	0.000	拒绝原假设

注：＊、＊＊、＊＊＊分别表示 10%、5%、1%水平上显著。

经过模型适配性检验，选择包含了空间滞后项和空间误差项的空间杜宾模型来检验低碳技术创新对绿色全要素生产率的空间溢出效应。表 3-16 汇报了空间杜宾模型的估计结果。低碳技术创新的空间直接效应系数为 0.008，并且通过 1%显著性水平检验，表明低碳技术创新对本地的绿色全要素生产率具有积极作用，这和基准回归结果结论一致，即低碳技术创新能够显著提升中国绿色全要素生产率。低碳技术创新的间接效应系数为 0.008，同样通过显著性检验。该结果一方面说明了低碳技术创新的确对邻近地区的绿色全要素生产率在空间上具有影响，另一方面说明了低碳技术创新对邻近地区绿色全要素生产率的具体作用效果为正，表现出正向的空间溢出效应。低碳技术创新能够显著提升邻近地区的绿色全要素生产率。低碳技术创新对绿色全要素生产率空间上的总效应为 0.017。

综合上述结果，低碳技术创新促进了中国绿色全要素生产率，并且在空间上存在正向的空间溢出效应，说明低碳技术创新的应用不仅能够提升本地的绿色全要素生产率，还能够提升周边地区的绿色全要素生产率，这也证明了低碳技术具有正外部性的特点。

表 3-16　空间杜宾模型回归结果

变量	直接效应	间接效应	总效应
LCI	0.008*** (0.002)	0.008** (0.004)	0.017*** (0.005)
GE	−0.060 (0.180)	0.252 (0.464)	0.191 (0.435)
FI	−0.084* (0.044)	0.182 (0.119)	0.099 (0.118)
ER	−7.030*** (1.958)	−6.919 (6.455)	−13.949** (6.719)
HC	−0.015 (0.026)	−0.013 (0.074)	−0.029 (0.078)
PGDP	−0.008 (0.042)	−0.027 (0.116)	−0.035 (0.117)
FDI	0.181 (0.440)	−1.197 (1.151)	−1.016 (1.298)
N	570	570	570

注：*、**、***分别表示 10%、5%、1%水平上显著，括号中的值为 T 统计量。

第三节　电力行业低碳技术创新发展的价值

中国年碳排放总量位居世界第一，一是由于中国人口数量庞大和经济高速发展，二是因为大量燃煤电厂的投产——中国现役燃煤电厂仍有一千多座，产能在全球占比 50%以上。中国电力行业长期主要依赖于煤电，而煤炭导致了 70%的二氧化碳排放增加量。近年来可再生能源发展迅速，但 2020 年中国燃煤发电量同比增长 1.7%，在满足电力需求的技术选择上煤电依然为主力军。煤电在电力需求中的贡献率在很大程度上取决于可再生能源技术的发展。2020 年，中国电力行业碳排放达 46 亿吨，占全社会碳排放总量的 43.4%，在所有部门中排在第一位，因此，电力行业低碳技术创新与发展是实现“双碳”目标的关键。

为实现“2030 年前碳达峰，2060 年前碳中和”的目标，需重点发展可再生能源电力、核电、生物质发电、碳捕获与封存（CCS）、碳捕获、利用与封存（CCUS）等关键性零排放和负排放技术。本节主要从火电技术改造和提高可再生能源占比两条路径出发，对电力行业目前的关键低碳技术进行梳理，对发电源头和发电过程中的减排关键技术进行识别，并对这些关键技术的发展规模、发展阶段、发展潜力、技术经济性等因素进行综合分析，结合其他突破性技术（如储能技术）进行价值的展望探讨，为电力系统的灵活性提供保障。综合考虑财务成本、投资成本、运维成本、税收成本、外部成本等因素，基于各种电力技术的学习速度，确定未来不同发展阶段电力技术的单位投资成本演变趋势，并采用多因素平准化发电成本模型定量核算各项电力技术的平准化发电成本水平，从技术经济视角综合评估各低碳电力技术的价值及发展趋势。

一、供给侧电力技术选项

（一）火电

目前，火电在我国整体电源装机结构中的比例超过 50%，发电量占比超过 60%，而火电中又以煤电为主。作为富煤国家，我国的燃煤发电技术较为成熟，煤电长期占据电力结构主体地位，在环境局势趋紧的背景下，我国对于火电改造技术的研发也加大了力度。在发电机组生产技术方面的一些领域，如空冷技术、循环流化床锅炉技术等已达到世界领先水平。但随着减碳形势的趋紧，煤电不得不逐渐退出电源结构中。“十三五”期间，通过对煤电项目的核准环节制定更严苛的政策①及对电价和煤价的把控，我国的煤控目标已基本实现：2015 年年底煤电装机占比超过 60%，发电量占比超过 70%，2020 年年底煤电装机占比低于 50%，发电量占比下降到 60%左右。但美国加利福尼亚州 2020 年特大停电事故启示我们，若不能保证电网的安全稳定运行，就不能盲目地为实现碳减排目标而强制退出煤电装机，一定要做到有序、科学退出。同煤电相比，气电在碳排放方面较有优势。我国气电目前主要承担调峰调频和供热作用，在保证电网灵活性电源比例中占了较大份额。2020 年年底，我国气电装机达 9972 万千瓦，在“十三五”期间增长了 51%，2020 年发电量达 2525 亿千瓦时，比上年增长 8.6%。然而，中国燃气发电企业通常需要授权国外厂商进行燃气发电机组的生产和组装，一些关键部件如燃机设计制造中的燃烧器、透平叶片等完全依赖进口，没有掌握燃气发电所需核心技术②，在经济性方面优势不足，资源禀赋条件也较差，因此较难大规模地推广和应用。

（二）风电

风能因其储量丰富、清洁高效等优点且开发利用技术较为成熟而在能源转型过程中脱颖而出。中国是世界风能领域领导者，拥有世界 1/3 以上的风电装机容量，且拥有全球最大的陆上风电场。我国陆上风电和海上风电的可开发规模量分别约为 3000 吉瓦和 200 吉

---

① 国家能源局．能源局：严格控制煤电新开工规模暂缓一批煤电项目核准、缓建一批已核准项目［EB/OL］. https：//news. bjx. com. cn/html/20160222/ 709933. shtml，2016－2－22/2021/9－25.

② 郭锦辉．中国燃煤发电技术已达世界先进水平［EB/OL］. https：//www. sohu. com/a /193635420 _ 115495，2017－9－22/2021－9－25.

瓦左右[①]。国家能源局（2020）[②] 数据显示，2019 年风电发电量 4057 亿千瓦时，首次突破 4000 亿千瓦时，占全部发电量的 5.5%。2020 年，中国陆上风电新增装机 48940 兆瓦，累计装机 278324 兆瓦[③]，均位列世界第一。中国拥有多项世界一流水平的陆上风电专利技术，大大降低了陆上风电的发电成本，在一些风资源较好的地区，陆上风电电价已低于煤电，是未来可再生能源发电技术中的中坚力量。我国海上风电近几年发展势头也相当迅猛，连续三年引领全球。2020 年新增装机容量 3.06 吉瓦，占全球新增装机的 50.45%；2020 年年底，中国海上风电累计装机容量 9898 兆瓦，超过德国，仅次于英国，成为全球第二大海上风电市场。图 3-6 展示了中国海上风电从 2010 年至 2020 年的装机情况，年新增装机只在 2011 年和 2013 年有所下降，2013 年以后便一直保持增长状态。我国海上风电势如破竹的发展形势归功于技术的研发。2020 年 3 月 24 日，国内首个嵌岩单桩钻孔项目在三川风电莆田平海湾海上风电场完成，是我国嵌岩最深、直径最大、垂直度最高的海上风电项目单桩施工[④]。2020 年 7 月 12 日，由我国完全自主研发的国内首台 10 兆瓦海上风电机组成功并网发电，标志着我国风电开发能力的历史性跨越[⑤]。

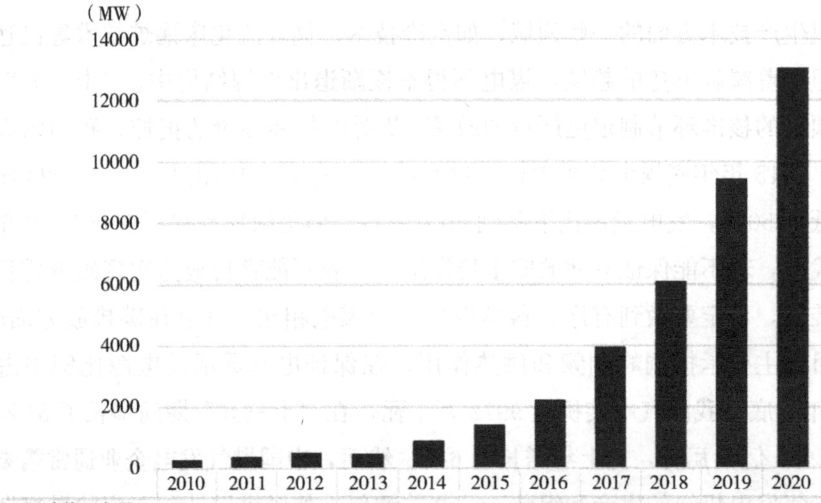

	2010	2011	2012	2013	2014	2015	2016	2017	2018	2019	2020
■累计装机容量	153	262	389	428	658	1035	1627	2788	4443	6936	9996
■年新增装机容量	136	109	127	39	230	377	592	1161	1655	2493	3060

图 3-6　2010—2020 年中国海上风电装机容量

数据来源：根据全球风能理事会（GWEC）历年发布的《全球风能报告》，由作者绘制。

① 李政．碳达峰碳中和目标下电力系统转型研究［R］．珠海，2021.

② 国家能源局．2019 年风电并网运行情况［EB/OL］．http：//www.nea.gov.cn/2020－0 2/28/c_138827910.htm，2020－2－28/2021－8－28.

③ GWEC. Global wind report 2021［R］. Belgium，2021.

④ 张伟伟．江苏亨通：突破国内最大直径单桩嵌岩工程技术难关［EB/OL］．http：// www.xyshjj.cn/detail－1482－23184.html，2020－04－01/2021－9－20.

⑤ 中国长江三峡集团有限公司．亚太单机容量最大海上风机在三峡福清兴化湾风电场成功并网发电［EB/OL］. http：//www.sasac.gov.cn/n2588025/n2588124/c150993 46/content.html，2020－07－14/2021－9－25.

（三）太阳能发电

太阳能发电可以分为光伏和光热发电，光伏发电又分为集中式和分布式。我国光资源较为丰富，截至2020年年底，中国光伏发电累计装机达2.534亿千瓦，光热发电累计装机67.1万千瓦，全国光伏平均年利用小时数1160小时，弃光率与2019年基本持平。光伏发电是利用光电效应直接将太阳能转换成电能，是“光一电”直接转换方式。光热发电是通过太阳能集热器将所吸收的热能转换成蒸汽，再驱动汽轮机组发电，是“光一热一电”的转换方式。中国光热电站基本覆盖了槽式、塔式（包括二次反射塔式）、菲涅尔式（包括类菲涅尔式）等国际主流技术路线。光伏发电过程中存在少量的环境污染现象，如电池板的生产过程和光伏组件的回收过程就会产生污染。光资源具有间断性的特点，导致光伏发电的不稳定性，造成严重的“弃光”现象。光热发电的能量转换属于物理手段，相对于光伏发电在环保方面更具优势，且带有储热装置和辅助发电系统，集发电与储能于一体，调节性能较好，可以保证发电系统的平稳运行。我国光热发电产业在“十二五”期间才开始发展起来，“十四五”期间颁布的多项政策有力地推动了光热发电的发展。

（四）核电

核电以其发电过程清洁、耗能较低、占地面积较小等优点受到青睐，核燃料成本也比较稳定，不易受到经济形势的影响，核燃料拥有高能量密度，非常便于运输和储存，且我国所有运行核电厂都对运行风险严格控制，表现出优良的安全性。在电力转型时期，核电是很好的基荷电源选项，可保障电力行业碳减排目标的实现。“十三五”期间我国核电发展较好，2020年年底，商运核电总装机容量达4988万千瓦，相较于“十二五”结束时增加了88.7%，仅次于美国和法国，位列全球第三；2020年核电发电量为3662.43亿千瓦时，相当于造林77.14万公顷①，为我国电网安全和电力行业碳减排都做出巨大贡献。我国核电设备自主研发能力已显著提高，小型堆、聚变堆等技术与国际水平基本同步。在“双碳”目标的推动下，预计到2025年我国核电装机可达到7000万千瓦左右，2030年可达1亿千瓦以上。

（五）水电

中国水能资源可开发潜力巨大，是水电装机大国，已经把得天独厚的自然资源优势发挥到了极致。我国水电技术在世界范围内属一流水平，到2020年年底，中国有4座水电站的装机容量排名全球前十，三峡大坝水电站装机容量高达22.5吉瓦，是全世界范围内唯一一座超过20吉瓦装机容量的水电站。我国水力发电通常按水源性质分为常规水电和抽水蓄能进行统计。截至2020年年底，我国常规水累计电装机达3.38亿千瓦，全年发电量1.35万亿千瓦时，大中型电站核准开工规模310万千瓦左右；抽水蓄能累计装机3149

---

① 中国核能行业协会．中国核能发展报告蓝皮书2021［R］．北京，2021.

万千瓦，核准开工规模约 430 万千瓦①。我国水电应用较早，技术先进，具有很大的发电成本优势，既是中国电网中的核心电力技术选项，也是世界水电产业的中坚力量。水电清洁高效，在推动减污降碳方面作出了巨大贡献；且水电较为灵活，适合承担电力系统的调峰调频、备用负荷等任务。保证电力系统的稳定运行，大力发展可再生能源必然需要加快水电的建设，水电在新型电力系统中必将成为主要的灵活性资源。据常规水电和抽水蓄能电站目前在建规模和国家已出台的相关规划政策估算，到“十四五”末期，常规水电装机可达 38000 万千瓦左右，抽水蓄能装机可达 8000 万千瓦以上。

（六）生物质发电

生物质发电是解决生活垃圾和农林废弃物污染问题的一个极好的思路。按照发电形式可分为直接燃烧发电、燃煤生物质耦合发电和气化发电，因此还能与燃煤电厂结合化解煤电产能过剩问题，推动电力系统低碳转型。截至 2020 年年底，全国范围内已投产生物质发电项目共计 1353 个，累计装机容量 2952 万千瓦，连续三年领跑全球；全年发电量 1326 亿千瓦时，占可再生能源发电量比例高达 6%②。我国待开发利用的生物质资源潜力巨大，预计“十四五”结束时生物质发电装机容量可超过 4500 万千瓦，2030 年后的生物质发电资源规模将维持在 1.06 亿吨标准煤当量左右③。

二、需求侧电力技术选项

（一）纯电动汽车

电动汽车分为纯电动汽车、插入式混合动力电动汽车和燃料电池电动汽车三种类型，在销售量中纯电动汽车占据了最大比例。2019 年年底我国纯电动汽车保有量在新能源汽车中占到了 81%以上，且国家政策偏向纯电动驱动战略发展，因此在考虑将电动汽车作为灵活性电源时，只对纯电动汽车进行统计分析。2020 年颁发的政策对新能源汽车市场的发展从销量、技术、燃料、配套设施等多角度进行了规划，并把 2025 年纯电动汽车的百公里能耗目标定为 12.0 千瓦时/百公里④。保守估计，2030 年我国纯电动汽车保有量将超过 7000 万辆，到 2040 年这一数值将超过 18000 万辆。

（二）节能灯

近年来，中国节能灯的产品合格率、市场占有率和推广普及率都大大提高。节能灯比白炽灯的发光效率高出很多，节电率达 80%以上；普通白炽灯的额定寿命为 1000 小时，而节能灯的寿命可达 8000 小时以上。目前我国节能灯市场需求基本稳定，但仍然呈现缓

---

① 水电水利规划设计总院．中国可再生能源发展报告 2020［R］．苏州，2021.

② 中国产业发展促进会生物质能产业分会．2021 中国生物质发电产业发展报告［R］．北京，2021.

③ 李政．碳达峰碳中和目标下电力系统转型研究［R］．珠海，2021.

④ 国务院．新能源汽车产业发展规划（2021—2035 年）［EB/OL］．http：//www.gov.cn/zhengce/content/2020－11/02/content_5556716.htm，2020－10－20/2021－10－23.

慢的增长趋势。

（三）节能高效电机

工业用电量占全国用电量80%左右，而电机用电量在工业用电量中的占比达75%以上。节能高效电机比普通电机的输出效率可高出2%～7%，节电效果非常可观，然而市场需求却一直不够强烈，还没有得到很好的推广。随着能源节约需求的提升，节能高效电机的市场占有率也会有所提高。

（四）节能变压器

变压器是输配电过程中必不可少的设备，由于改造规模、投资成本等因素的限制，我国仍然存在一部分高耗能变压器。据估计，变压器的损耗量每降低1%，每年可节电达百亿千瓦时以上。因此，可再生能源装机规模大幅上涨必然带动节能变压器的产能提高。

（五）变频调速器

变频调速器可极大地提高电动机运行效率，应用范围非常广。从2012年开始，我国变频器市场规模一直在扩大，预计到2025年的市场值可达近900亿元。

（六）冰蓄冷

冰蓄冷是重要的移峰设备，可将高峰负荷转移到低谷时段，优化电网负荷特性，提高电力系统整体运行效率，从而帮助减少发电煤耗，间接地节约电量。目前，冰蓄冷技术在一些发达国家有较高的市场占有率，某些国家建筑物中冰蓄冷技术配置率达60%以上，我国房地产发展也带动了冰蓄冷技术的应用。

（七）高效节能家电

高效节能家电主要包括冰箱、空调、洗衣机、电烤箱、电磁炉、平板电视等多种高等级能效家用电器。高效家电不仅可以降低电网的负荷压力，还能节约电量。

（八）需求响应

作为需求侧管理的重要方案，通过宣传、经济补贴、法律强制等多种手段引导用户改变用电模式，对电网负荷起到“移峰填谷”的作用，保障电网的稳定性。2019年我国共实施填谷响应8次，增加电力负荷543.55万千瓦，消纳低谷电量达13300.24万千瓦时①。我国需求响应规模在2025年有望达到7000万千瓦，在2060年有望冲击4亿～5亿千瓦。

三、零排和负排放技术

（一）新型储能

新型储能即除抽水蓄能以外的新型电储能技术。中国的储能技术一直受到成本问题的

---

① 郭平平，杨迪，陈晨．聚焦｜我国电力需求响应的现状分析与发展建议［EB/OL］．https://news.bjx.com.cn/html/20200810/1095787.shtml，2020－8－10/2021－9－25.

困扰，归根结底还是技术限制。新能源装机爆发式增长必然要求储能技术快速进步，把储能技术和未来供给侧主要电力技术结合起来，把白天转换的电能移峰到夜间使用，才能保证全社会电力电量平衡和电网的稳定运行。2020 年年底，中国储能行业创造了新的技术突破，系统成本降到了 1500 元/千瓦时左右，比 2020 年年初降低了约 20%，新增投运电化学储能规模首次突破吉瓦大关，使 2025 年前新型储能规模化发展成为可能。长时储能技术要紧跟风光大规模装机的步伐，2025 年新型储能的装机规模目标为 3000 万千瓦以上，2060 年装机规模有望达到 4 亿～5 亿千瓦。

（二）碳捕获与封存技术

碳捕获与封存技术（Carbon Capture and Storage，CCS）主要通过碳捕集技术把大型发电厂在发电过程中产生的二氧化碳分离、收集起来，再通过一些储存手段把二氧化碳封存于地下或海下，使之与大气隔绝。CCS 技术可用于燃煤、燃气电厂直接作用于发电产生的二氧化碳，也可与生物质能结合，贡献二氧化碳负排放。从理论层面来看，CCS 技术对缓解气候变暖、改善生态环境具有重大意义，但由于成本高昂一直备受争议。风电、太阳能等新型可再生能源发电技术的发电成本一直在下降，而 CCS 技术始终没有取得突破性进步，碳捕集成本依然处于很高的水平，火电厂 CCS 捕集一吨二氧化碳可达 60～90 美元，生物质电厂可达 90～280 美元，这使 CCS 技术无法大规模推广应用。且燃煤电厂的机组寿命普遍可达 40 年左右，CCS 设备通常只可提供 20～30 年的服务，目前的碳捕集率最高水平为 90%左右，因此改造现有电厂时必须把资源浪费最小化考虑在内。目前，国际国内都在大力研究 CCS 技术，不断开设试点项目进行实验，力争早日突破技术难关，解决成本问题。

四、电力技术经济性评估

LCOE 模型是电力行业中比较发电技术或考虑新兴电力技术的电网平价时最常用到的方法①。本部分也利用 LCOE 模型对我国电力技术进行了经济性评估预测分析。基于全生命周期分析视角，设折现率为 r，将未来收入与成本都折成现值，在 n 年项目生命周期结束时，收入 $revenue$ 贴现值总和等于成本 $cost$ 贴现值总和，见公式（3－9）。

$$\sum_{i=0}^{n}\frac{revenue_i}{(1+r)^i}=\sum_{i=0}^{n}\frac{\text{cost}_i}{(1+r)^i} \tag{3-9}$$

设发电项目的收入等于成本，即净现值 NPV 为 0 时，得到公式（3－10）。

$$NPV=\sum_{i=0}^{n}PV=0 \tag{3-10}$$

发电项目的年收入 $revenue_i$ 即为平准化发电成本 $LCOE_i$ 与年发电量 E_i 的乘积，见公

① Branker K，Pathak M J M，Pearce J M. A Review of Solar Photovoltaic Levelized Cost of Electricity［J］. Renewable & Sustainable Energy Reviews，2011（9）：4470－4482.

式（3—11）。

$$\sum_{i=0}^{n}\frac{(LCOE_i)\times(E_i)}{(1+r)^i}=\sum_{i=0}^{n}\frac{\text{cost}_i}{(1+r)^i} \tag{3—11}$$

设同一发电技术的 $LCOE_i$ 为常数，整理公式（3—11）可以得到公式（3—12）。

$$LCOE=(\sum_{i=0}^{n}\frac{\text{cost}_i}{(1+r)^i})/(\sum_{i=0}^{n}\frac{E_i}{(1+r)^i}) \tag{3—12}$$

成本和收入的总量都是从 $i=0$ 开始计算，项目第一年的初始投资成本也包括在内，但这部分成本不需考虑时间价值，也可以把初始投资成本在项目的全生命周期内年度化处理。发电项目的成本通常由初始投资成本 *CAPEX* 、运营维护成本 *OPEX* 和税务成本 *Tax* 组成，年发电量为电厂装机容量 *Capacity* 与年利用小时数 *Hour* 的乘积减去厂自用电量，用 μ 表示厂自用电率，便可以进一步得到公式（3—13）。

$$LCOE=(\sum_{i=0}^{n}\frac{(CAPEX_i+OPEX_i+Tax_i)}{(1+r)^i})/(\sum_{i=0}^{n}\frac{[Capacity\times Hour(1-\mu)]_i}{(1+r)^i}) \tag{3—13}$$

在对火电技术进行经济性评估时，将碳排放成本、脱硫脱硝费用都纳入了 *LCOE* 的成本组成部分；对海上风电技术进行经济性评估时，将用海费用考虑在初始投资成本中；光热发电技术还不够成熟，投资风险相比其他电力技术而言较大，因此在对其进行技术经济评估时设置了较高的保险费率。

（一）火电技术经济性评估

我国电源结构长期以煤电为主，各项发电技术上网电价政策也以煤电上网电价政策为重要基准。多年以来，燃煤机组一直实行标杆上网电价及煤电价格联动机制，2019 年确定了“基准价＋上下浮动”的市场化电价机制，基准价为当地煤电标杆上网电价，上浮不超过 10％，下浮原则上不超过 15％①。受环保压力和“双碳”目标的影响，煤电因其污染性必须逐步退出电力市场。2011 年煤电利用小时数为 5305 小时，2020 年这一数值已下降到 4211 小时，年均下降 121.6 小时，呈现出明显的下行趋势，未来还会进一步下降。单位投资成本虽因技术进步有所下降，但煤炭价格和排污费用却一直上升。据清华大学能源环境经济研究所估计，2050 年碳价可达 1000 元/吨左右，2060 年则会达到 2000 元/吨左右②。因此，2050 年和 2060 年的煤电平准化度电成本也会远远超过标杆上网电价，在 2060 年可能达到 2 元/千瓦时的水平。见图 3-7。

---

① 国家发改委．关于深化燃煤发电上网电价形成机制改革的指导意见［EB/OL］．http：//www.chinapower.com.cn/focus/20191025/1288601.html，2019—10—21/2021—10—23.

② 刘诗萌．全国碳交易市场鸣锣开市，碳价将如何走？［EB/OL］．https：//baijiahao.baidu.com/s? id＝1705515388128012987&wfr＝spider&for＝pc，2021—7—17/2021—8—18.

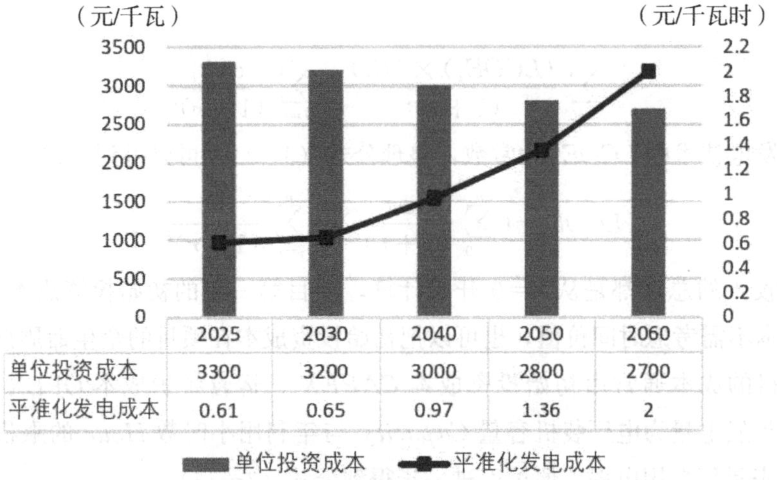

图 3-7　煤电技术经济性评估结果

国家政策文件规定，燃气电价的定价由各省（市、区）地方政府根据当地情况自行决策，但“最高电价不得比当地燃煤发电上网标杆电价或当地电网企业的平均购电价格高出 0.35 元/千瓦时”[①]。之后陆续有一些省市依据当地气电发展情况颁发更适合自己的燃气电价政策。燃气发电过程中也会形成二氧化碳、二氧化硫和氮氧化物气体污染，但排放因子要比燃煤发电小很多，因此，碳价的迅猛上涨暂时不会给气电成本造成过大的压力。气电的发电形式较多，如整体煤气化联合循环（IGCC）、燃气蒸汽联合循环发电（CCPP）、燃气轮机联合循环发电（GTCC）和天然气联合循环发电（NGCC）等，IGCC 和 NGCC 占据了主要比重，因此以 IGCC 和 NGCC 的平均水平衡量气电单位投资成本发展趋势，把 2025—2060 年的单位投资成本设定为 3500、3400、3200、3100、3000 元/千瓦。见图 3-8。

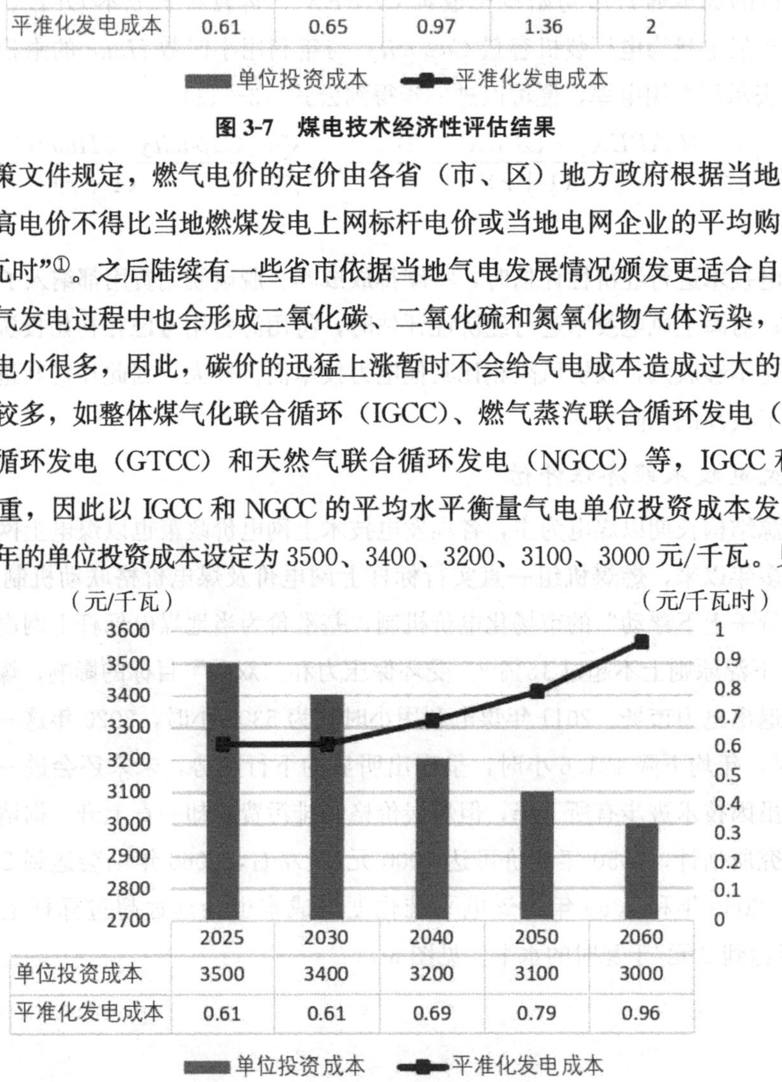

图 3-8　气电技术经济性评估结果

① 国家发改委．关于规范天然气发电上网电价管理有关问题的通知［EB/OL］．https：//www.163.com/money/article/AFUE6QPG00253B0H.html，2014－12－31/2021－10－24.

（二）核电技术经济性评估

核电由于其燃料和技术的特殊性不宜参与市场竞争，因此，2013 年前我国核电由国家发改委定价，实行“一厂一价”政策。核电单位投资成本和年利用小时数都较高，单位投资成本目前在 12000～13000 元/千瓦的水平，到 2060 年可能降低至 10000 元/千瓦，但年利用小时数在 2040 年后会有所下降。核电年利用小时数比单位投资成本对平准化发电成本的影响程度敏感，且核电较难有新的重大技术突破，可使设备成本快速下降，因此综合预测下来，我国核电平准化发电成本较为稳定，基本不会有太大波动。

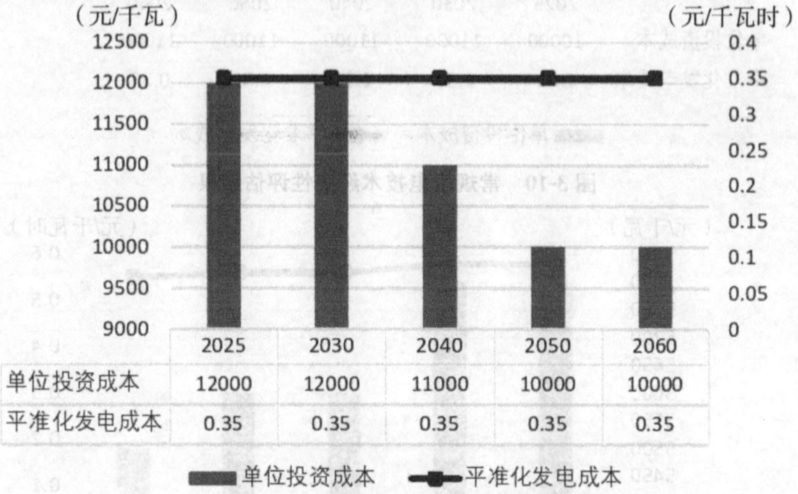

图 3-9 核电技术经济性评估结果

（三）水电技术经济性评估

常规水电的成本优势一直比较突出，平准化发电成本保持在较低水平，但由于其建造规模巨大，单位投资成本处于 10000 元/千瓦的水平。水电站占地面积较大，而土地使用价值却在一直上升，再加上工人工资、水库淹没补偿费用等因素的影响，未来常规水电的单位投资成本会略有上涨。抽水蓄能的发电成本一直不太乐观，没有电价优势，并缺乏相应的机制政策。2021 年 5 月 8 日，国家发改委要求我国抽水蓄能领域坚持并优化两部制电价政策：以竞争性方式形成电量电价，同时要完善容量电价核定机制。作为一项重要的调节电源，抽水蓄能在未来新型电力系统中的发展潜力巨大，单位投资成本可以降到 5500～6000 元/千瓦，平准化发电成本则有望降到 0.55 元/千瓦时左右。见图 3-10、图 3-11。

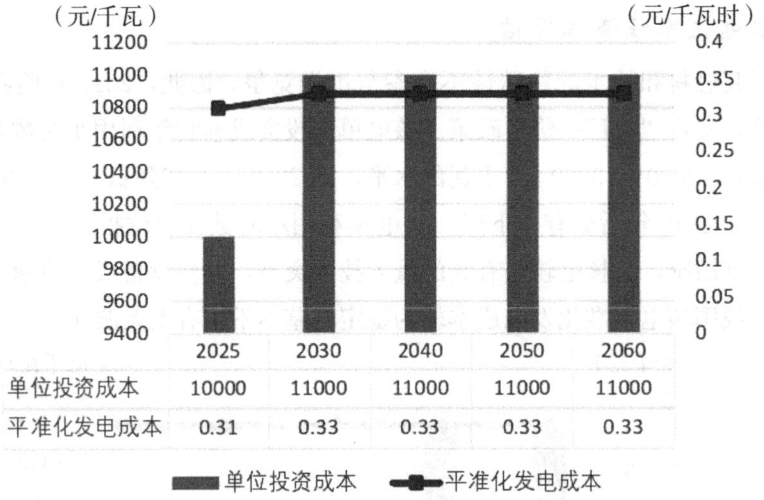

	2025	2030	2040	2050	2060
单位投资成本	10000	11000	11000	11000	11000
平准化发电成本	0.31	0.33	0.33	0.33	0.33

图 3-10　常规水电技术经济性评估结果

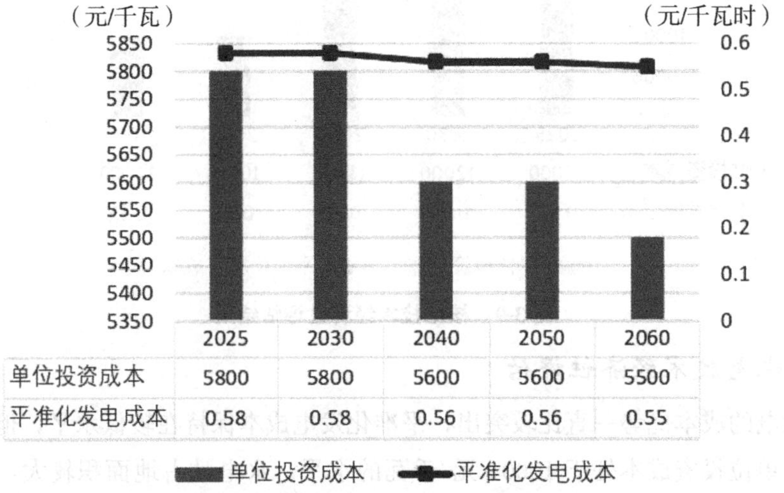

	2025	2030	2040	2050	2060
单位投资成本	5800	5800	5600	5600	5500
平准化发电成本	0.58	0.58	0.56	0.56	0.55

图 3-11　抽水蓄能技术经济性评估结果

（四）风电技术经济性评估

我国风电现已基本具备平价上网能力，陆上风电的单位投资成本已降到 7500 元/千瓦左右。近年来海上风电在电力设备研发、勘探选址、运营管理等方面都取得了较大的进步，尤其是在发电设备技术上有了巨大突破。2010 年我国海上风电单位投资成本在 24000 元/千瓦左右，2020 年这一数值已降到 15500 元/千瓦左右。2009－2018 年，陆上风电和海上风电项目均实行标杆电价。2014－2016 年，陆上风电的标杆上网电价有三次下调。而海上风电在 2014－2018 年一直实行“近海风电项目 0.85 元/千瓦时，潮间带风电项目 0.75 元/千瓦时”的标杆上网电价。2019 年开启了风电的竞价上网时代，2019 年新核准的集中式陆上风电项目在四类资源区的指导价分别定为 0.34、0.39、0.43、0.52 元/千瓦时；2020 年调整为 0.29、0.34、0.38、0.47 元/千瓦时。2021 年 1 月 1 日后核准的陆上风电项目国家将完全不再给予补贴。2019 年新核准的近海风电项目指导价下调为

0.8 元/千瓦时，2020 年将进一步下调为 0.75 元/千瓦时，这是多年来我国海上风电电价的第一次下调。技术进步和可再生能源发展的扶持政策不断出台，使未来风电度电成本进一步下降，我国海上风电资源开发潜力巨大，海上风电平准化发电成本的下降和装机容量的提升都有很大空间，2060 年海上风电有望降到 0.35 元/千瓦时。见图 3-12、图 3-13。

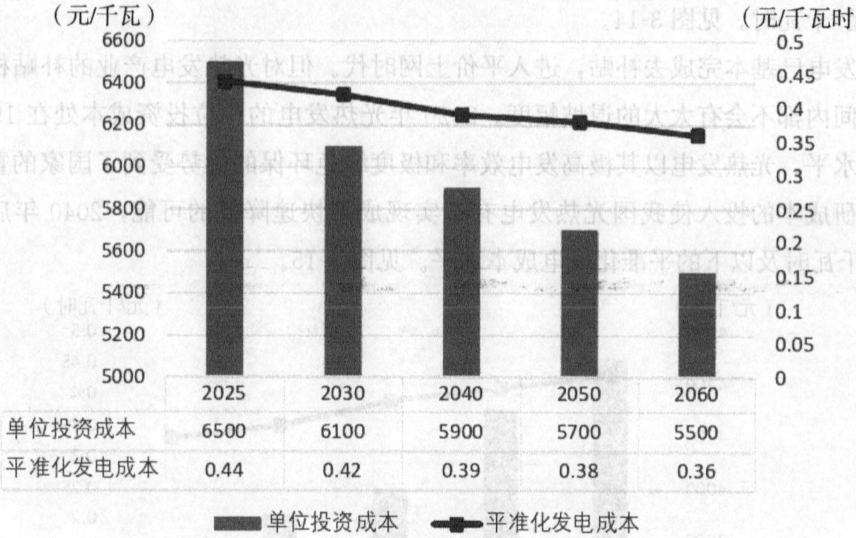

	2025	2030	2040	2050	2060
单位投资成本	6500	6100	5900	5700	5500
平准化发电成本	0.44	0.42	0.39	0.38	0.36

图 3-12 陆上风电技术经济性评估结果

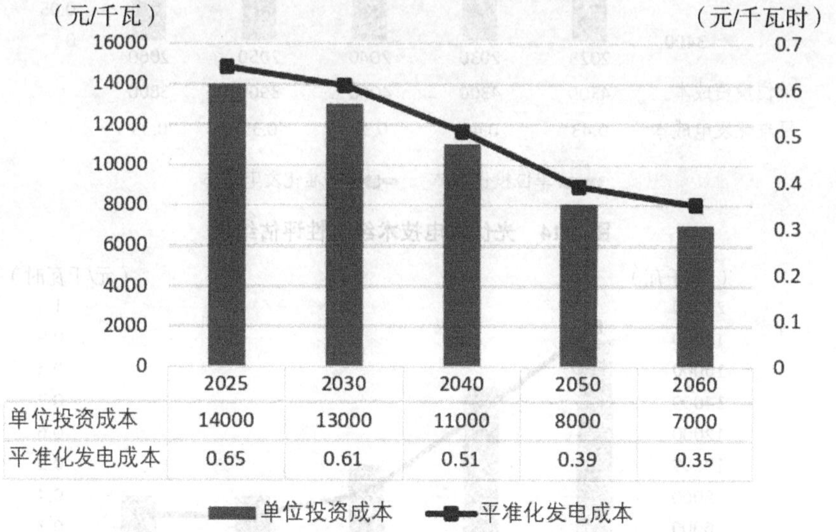

	2025	2030	2040	2050	2060
单位投资成本	14000	13000	11000	8000	7000
平准化发电成本	0.65	0.61	0.51	0.39	0.35

图 3-13 海上风电技术经济性评估结果

（五）太阳能发电技术经济性评估

我国太阳能发电技术目前在世界上已拥有领先水平。光伏发电单位投资成本约为 4600 元/千瓦，不同资源区的加权平准化发电成本达到 0.45 元/千瓦时左右。之前我国光伏发电一直采用标杆上网电价机制，2019 年集中式光伏电站标杆上网电价被改为指导价，要求新增集中式光伏电站的上网电价原则上通过市场竞争方式确定。我国青藏高原、西北地区和云南等地的太阳辐射资源十分丰富，东北地区、长江中下游平原等地的光伏发电水平较低，发电潜力与人口分布和电力需求之间存在较为明显的空间错位，因此光伏技术的发电、输电、配电等环节都有一定的改进空间，成本也可进一步下降。根据预测分析，2050年后，我国光伏发电单位投资成本有望降到4000元/千瓦以下，平准化发电成本则可以突破0.35元/千瓦时。见图3-14。

光伏发电已基本完成去补贴，进入平价上网时代。但对光热发电产业的补贴机制在未来较长时间内都不会有太大的退坡幅度。2020年光热发电的单位投资成本处在19000元/千瓦的高水平，光热发电以其极高发电效率和极度绿色环保的优势受到了国家的重视，未来大量科研成本的投入使我国光热发电有望实现成本快速降低的可能，2040年后可达到0.41元/千瓦时及以下的平准化发电成本水平。见图3-15。

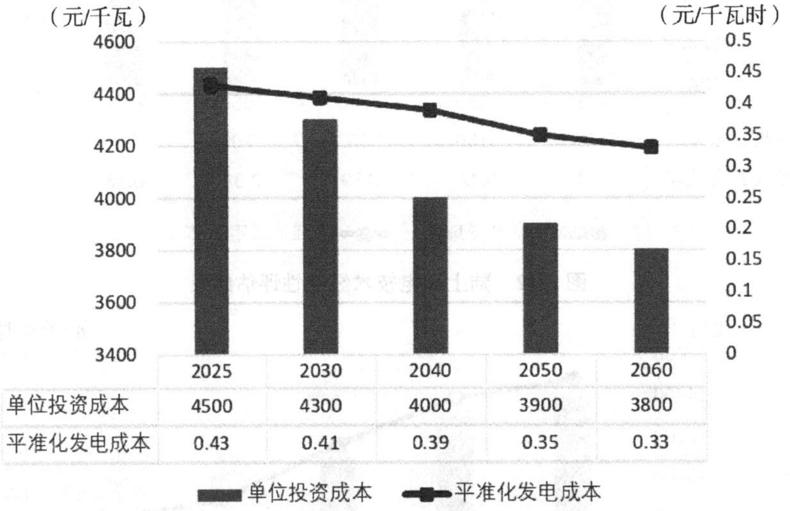

	2025	2030	2040	2050	2060
单位投资成本	4500	4300	4000	3900	3800
平准化发电成本	0.43	0.41	0.39	0.35	0.33

图3-14　光伏发电技术经济性评估结果

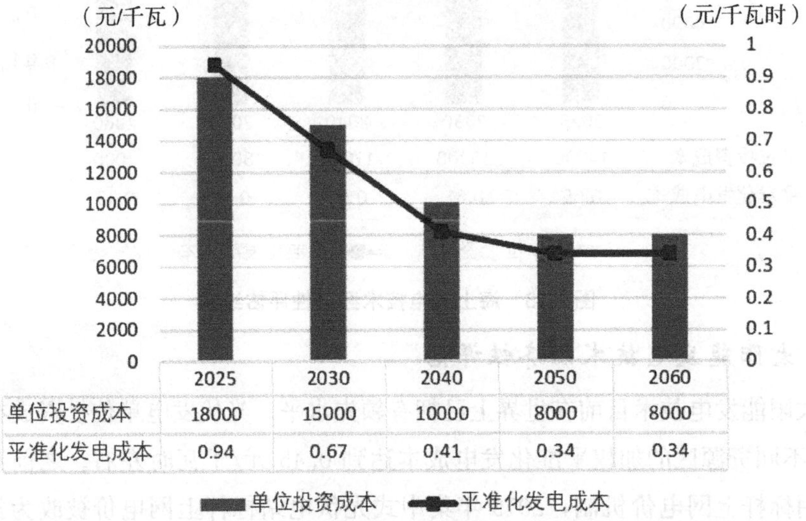

	2025	2030	2040	2050	2060
单位投资成本	18000	15000	10000	8000	8000
平准化发电成本	0.94	0.67	0.41	0.34	0.34

图3-15　光热发电技术经济性评估结果

（六）生物质发电技术经济性评估

生物质资源通常具有“密度小，体积大”的特点，且热值较低，运输和存储难度都较大，造成生物质发电成本居高不下。据国际可再生能源署（IRENA）估计，2010 年全球生物质发电项目的平均 LCOE 为 0.076 美元/千瓦时（2020 年汇率 0.52），2019 年降为 0.066 美元/千瓦时，2020 年又回到 0.076 美元/千瓦时①。成本的主要影响因素有原料类型及供应、转换工艺和发电技术等。中国的生物质发电需要继续攻克技术难关，降低发电成本，争取在 2060 年把平准化发电成本降到 0.66 元/千瓦时以下。

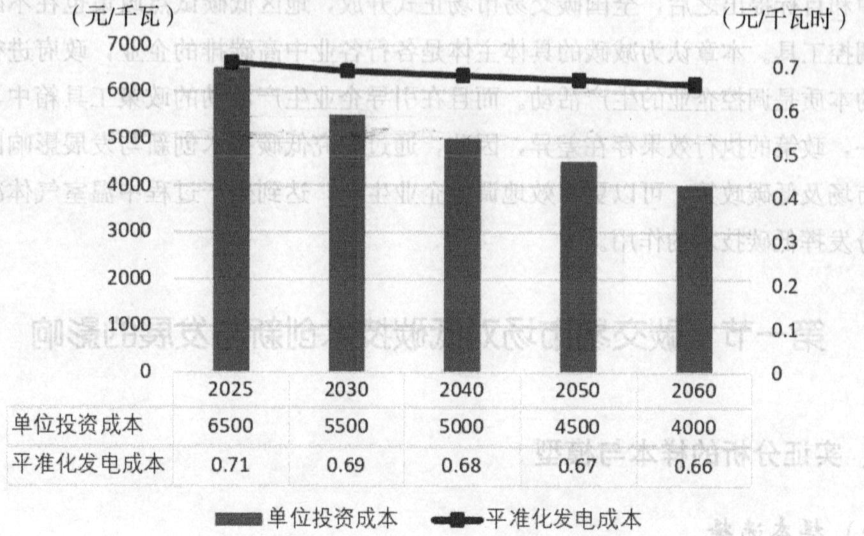

图 3-16　生物质发电技术经济性评估结果

① IRENA (2021), Renewable Power Generation Costs in 2020 [M]. International Renewable Energy Agency, Abu Dhabi. ISBN 978－92－9260－348－9.

第四章 低碳技术创新与发展影响因素

碳交易市场和地区低碳试点政策是我国应对全球变暖问题出台的重要对策。在碳达峰、碳中和目标提出之后，全国碳交易市场正式开放，地区低碳试点政策也在不断丰富着政府的调控工具。本章认为减碳的具体主体是各行各业中高碳排的企业，政府进行政策制度建设的本质是调控企业的生产活动。而且在引导企业生产活动的政策工具箱中，各政策特点不一，政策的执行效果存在差异，因此，通过探究低碳技术创新与发展影响因素中的碳交易市场及低碳政策，可以更有效地调控企业生产，达到生产过程中温室气体减排的效果，充分发挥低碳技术的作用。

第一节 碳交易市场对低碳技术创新与发展的影响

一、实证分析的样本与模型

（一）样本选择

根据现有数据的可获得性，选取 2008—2021 年整体 A 股上市公司作为数据集。为了能够使样本数据较为客观、统一完整地呈现，剔除了 A 股中现存被特别处理的、被披露具有退市风险的、金融行业相关的企业，考虑到 2008 年后上市的企业数据不全问题和 2008 年前上市公司数据遗失问题，只保留 2008 之前数据完整的、样本期间内绿色专利数总体加总不为零的上市公司作为本次研究的样本。

（二）变量选取

根据研究问题，结合第一章相关理论和机制的介绍，共梳理出 11 个变量，其详细信息如表 4-1 所示。

表 4-1 模型变量说明

变量分类	变量名称	变量符号	数据说明	数据来源
被解释变量	绿色专利获得总数	greenpatent	每年企业绿色专利获得总数	CNRDS 数据库、国家知识产权局数据库

续表

变量分类	变量名称	变量符号	数据说明	数据来源
虚拟变量	碳交易试点地区虚拟变量	prov _ exp1	企业所在地区是否为碳交易试点地区	—
	低碳城市建设试点地区虚拟变量	prov _ exp2	企业所在地区是否为低碳城市建设试点地区	
	时间虚拟变量	time	碳交易试点 DID：2013 年前为 0，年后为 1；碳政策试点 DID：2011 年前为 0，年后为 1	
控制变量	高碳行业变量	hcarbindus	被证监会列为高碳性质的行业企业为 1，其余为 0	证监会
	国有企业虚拟变量	stateowned	国有企业为 1，其余为 0	wind、国泰安数据库
	资产负债率	alratio	总负债/总资产	
	企业规模	lnasset	总资产对数	
	资产收益率	roa	净利润/期初期末资产总数平均	
	工业污染治理完成投资额	invest _ poll	省市治理污染的总投资额（亿元）	
	企业上市年龄	age	企业已上市时间	

其中，绿色专利获得总数是每年度企业独立获得的绿色发明数量、独立获得的绿色实用新型数量、联合获得的绿色发明数量、联合获得的绿色实用新型数量的总和，获得的专利数量可以更好地反映企业真实的创新研发能力，其代表企业研发绿色低碳技术的成果，是资金、人力、时间投入换得的产出。一般而言越早年份获得绿色专利、绿色专利数量越多的企业，企业低碳技术创新水平就越高。

影响企业低碳技术发展的因素众多，推动企业进行低碳技术创新发展的并不只是外部政策和碳交易市场，在研究过程中需要考虑其他内部因素存在，通过将这些变量作为控制变量加入模型中使回归结果更加可信。

在讨论的模型中加入上述 7 个控制变量，其中有 6 个控制变量是与企业本身或企业内部管理紧密相关，高碳企业的选择依据为证监会 2012 年行业分类标准。高碳排放行业代码及名称如表 4-2 所示。

表 4-2　高碳排放行业代码及名称

中国证监会行业分类标准三级代码	中国证监会行业分类标准三级行业名称
C25	石油加工、炼焦和核燃料加工业
C26	化学原料和化学制品制造业
C30	非金属矿物制品业
C31	黑色金属冶炼及压延加工业
C32	有色金属冶炼及压延加工业
C22	造纸及纸制品业
C44	电力、热力生产和供应业
C45	燃气生产和供应业
C56	航空运输业

资料来源：中国证券监督管理委员会。

二、相关性检验与共线性

（一）相关性检验

由于上市公司的上市年限变量与时间变量高度相关，因此在进行相关性检验时不考虑时间变量，只对剩余 10 个变量进行相关性检验，以此研究各变量之间的相关关系。变量的相关系数矩阵如表 4-3 所示。

表 4-3　变量的相关系数矩阵

	greenpatent	Prov expl	Prov exp2	hcarbindus	stateowned	alratio	lnasset
greenpatent	1						
prov expl	0.074	1					
prov exp2	0.0120	0.164	1				
hcarbindus	−0.042	−0.101	−0.060				
stateowned	0.024	0.018	−0.071	0.156	1		
alratio	0.00200	−0.00300	−0.00100	0.00800	0.027	1	
lnasset	0.242	0.107	0.050	0.144	0.215	−0.0170	
roa	0.00300	0	0.018	−0.019	−0.029	−0.119	−0.024
age	0.039	0.052	−0.00600	0.027	0.203	0.033	0.277
investpoll	−0.00700	−0.219	0.103	−0.022	−0.075	−0.0160	0.029
	roa	age	invest poll				
roa	1						
age	−0.0160	1					

续表

	greenpatent	Prov expl	Prov exp2	hcarbindus	stateowned	alratio	Inasset
invest pol	0.0150	−0.026	1				

根据相关性矩阵可以得出，被解释变量绿色专利数量与地区是否进行碳交易试点存在显著正相关性（r=0.074，p 值<0.01），即企业的绿色专利数量将会因为所在地区实行碳交易试点政策得到提高；与高碳行业属性之间存在显著的负相关性（r=−0.042，p 值<0.01）；与国有企业属性之间存在正相关性（r=0.024，p 值<0.05）；与企业的规模（r=0.242，p 值<0.01）和上市年份（r=0.039，p 值<0.01）之间存在强正相关性。

（二）共线性分析

回归模型包含的变量之间如果存在多重共线性，不仅会使变量的显著性检验失去意义，还可能遗漏重要的解释变量，使得到的参数估计量存在较大偏差。因此，为了确保回归结果的可靠性，需要研究各变量之间的多重共线性情况。

在此，采用计算方差膨胀因子 VIF 方法进行共线性分析，如表 4-4 所示。

表 4-4　与碳交易市场相关回归变量的共线性

Variable	VIF	1/VIF
prov-expl	1.08	0.92
time-2013	1.45	0.69
Inasset	1.18	0.84
hcarbindus	1.06	0.95
stateowned	1.12	0.89
Invest−poll	1.06	0.94
age	1.48	0.68
alratio	1.02	0.98
roa	1.02	0.98
Mean　VIF	1.16	

表 4-5　与地区低碳试点政策相关回归变量的共线性

Variable	VIF	1/VIF
age	1.37	0.73
time-2011	1.32	0.76
Inasset	1.17	0.85
stateowned	1.12	0.89
hcarbindus	1.04	0.96
prov-exp2	1.02	0.98
alratio	1.02	0.98

续表

Variable	VIF	1/VIF
investpoll	1.02	0.98
roa	1.02	0.98
mean VIF	1.12	

根据计算结果，变量之间的所有 VIF（方差膨胀因子）值都处在［0，5］，因此按照一般标准，可以得出两个回归包含的变量之间不存在多重共线性。

三、实证分析

本部分建立的双重差分模型如式（4－1）所示：

$$Y_{ijt}=\alpha_i+\beta_3\times treat\times time+\beta_2\times time+\beta_1\times treat+\omega\times Z_{ij}+\varphi\times C_{ijt}+\gamma_t+\mu_i+\varepsilon_{ijt} \tag{4-1}$$

式中，下标 i 代表企业个体，即 id，下标 j 代表省市地区，下标 t 代表时间。Y_{ijt} 为被解释变量，在本次研究中为不同企业在样本期内的绿色专利获得总数，*treat* 是政策发生地区虚拟变量，*time* 为政策发生时间虚拟变量，$treat\times time$ 为 *treat* 和 *time* 的交叉项，其系数显著性是双重差分模型重点关注的对象，Z_i 为不受时间影响的控制变量，C_{it} 为受企业个体和时间影响的控制变量。关于模型中的系数，β_i 为各解释变量的系数，其中 β_3 为交互项系数，代表政策实施的净效应，ω、φ 分别为控制变量系数，γ、μ 分别为时间固定效应和个体固定效应。若 β_3 显著，则可以得出对应的政策实施后，该地区的政策对企业低碳技术创新有显著影响的结论，β_3 的符号决定了政策对技术创新的作用方向。

（一）倾向得分法与平行性假设检验

双重差分模型的使用首先需要满足平行性假设检验。通过倾向性得分匹配法（PSM）对选择的处理组和控制组进行匹配，检验两组数据的匹配程度。倾向性得分匹配法的目的是寻找两个近似的个体，两者之间包含的多个变量具有一一对应的关系，对这些变量进行相互匹配，得出两个个体之间的相近程度。对样本观测值做倾向得分法实验，实验结果如表 4-6、表 4-7、表 4-8 所示。

表 4-6 碳市场回归－PSM－logistic 回归近邻匹配结果－1

prov-expl	Coef.	Std. Em.	Z	P>z	95%Conf.	Interval
hcarbindus	－0.629	0.114	－5.510	0.000	－0.853	－0.406
stateowned	0.067	0.100	0.670	0.504	－0.129	0.262
alratio	0.001	0.001	1.240	0.217	－0.001	0.004
lnasset	－0.082	0.095	－0.860	0.388	－0.267	0.104
roa	0.003	0.004	0.700	0.486	－0.005	0.010

续表

prov-expl	Coef.	Std. Err.	Z	P>z	95%Conf.	Interval
investpoll	0.013	0.003	3.650	0.000	0.006	0.019
age	0.042	0.010	4.040	0.000	0.022	0.062
cons	0.118	0.866	0.140	0.892	−1.580	1.816

表 4-7　碳市场回归－PSM－logistic 回归近邻匹配结果－2

Variable / Sample	Treated	Controls	Difference	S. E.	T－stat
greenpatent Unmatched	3.085	1.140	1.945	0.446	4.360
ATT	3.085	1.183	1.901	0.487	3.910

根据 PSM－logistic 回归近邻匹配结果，处理组选择了福建、广东、湖北、天津、重庆五个省市对应的 954 个观测值，控制组选择了贵州、河北、江西、辽宁、陕西、云南、浙江七个省对应的 1008 个观测值。对应根据倾向得分法得到的参与者平均处理效应 ATT 为 3.910，结果显著。

根据 p 值可以得到以下结论：高碳行业性质、污染治理投资额与企业已上市时间的碳试点政策有显著影响，其中前者是显著的负面影响，后两者为显著的正向影响。前者说明高碳行业企业相对于低碳行业企业在碳市场试点地区更少；工业治理污染投资额大的企业相对于投资额小的企业更容易出现在碳市场试点地区，说明试点地区的企业重视污染治理问题；上市时间长的企业比上市时间较短的企业更倾向于参与碳市场，代表企业在政策导向上愈发敏感。碳交易制度的建设是国家发展改革委引导企业减碳的信号之一，当制度建设朝着低碳化的方向发展时，企业也将认可低碳化的价值，积极参与碳交易市场。

表 4-8　碳市场回归－PSM 平衡性检验结果

Variable	Unmatched	Mean		%reduct		t－test		V（T）/
	Matched	Treated	Control	%bias	bias	t	p>t	V（C）
stateowned	M	0.189	0.181	1.7	93.3	0.41	0.68	.
	U	0.472	0.482	2.1		−0.46	0.644	.
	M	0.472	0.448	4.8	−130.8	1.06	0.291	.
alratio	U	55.117	49.554	8.7		1.95	0.051	17.70
	M	55.117	48.306	10.7	−22.4	2.33	0.02	17.48
lnasset	U	9.536	9.550	2.6		−0.59	0.557	1.34
	M	9.536	9.505	5.6	−110.7	1.28	0.199	1.76
roa	U	8.170	6.860	5		1.12	0.262	9.85
	M	8.170	8.624	−1.7	65.4	−0.34	0.73	3.06

续表

Variable	Unmatched	Mean		%reduct		t-test		V (T) /
	Matched	Treated	Control	%bias	bias	t	p>t	V (C)
investpoll	U	20.868	18.387	18.3		4.04	0	0.73
	M	20.868	20.920	0.4	97.9	−0.08	0.936	0.62
agc	U	9.676	8.762	18.5		4.11	0	1.41
	M	9.676	9.503	3.5	81.1	0.77	0.441	1.46
hcarbindus	U	0.189	0.298	−25.6		−5.65	0	.

根据平衡性检验结果来看，匹配之后的各控制变量的标准偏差绝对值小于10%，且标准偏差减少幅度很大，说明两组之间得到了较为良好的匹配，且p值普遍大于0.05（显著性水平），说明了处理组和控制组变量之间的差异是不显著的，2008—2013年的数据可以视为无差异。因此基于以上分析，通过倾向得分法寻找到了探究碳市场影响的回归中各变量相互匹配程度最高的处理组和控制组。

如图4-1平行性检验所示，实线部分为碳交易试点处理组，虚线部分为控制组。图中的两条线并不完全平行，但通过PSM检验得出在2013年两组别之间的差异是不显著的，因此可以视为在碳市场试点政策前两组趋势具有平行性。

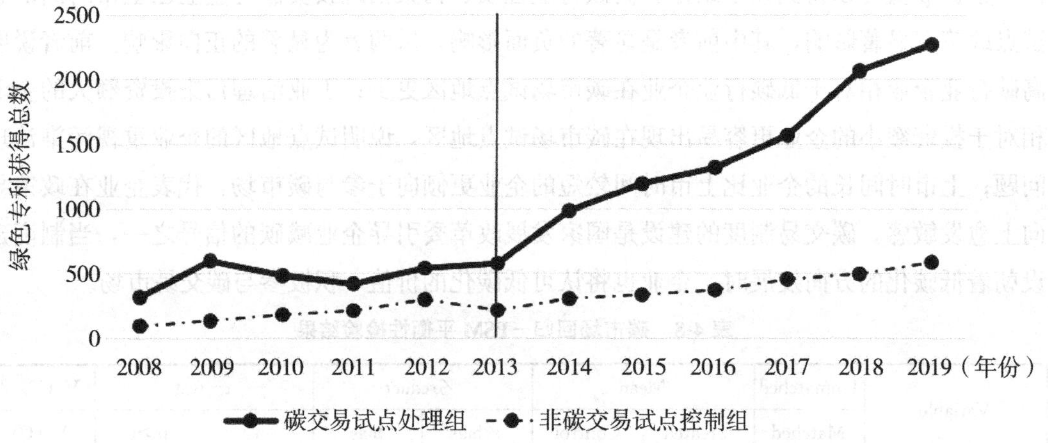

图4-1 碳交易试点的处理组和控制组在样本期间内绿色专利获得总数

（二）基准回归结果分析

表4-9 碳市场制度对企业低碳技术创新的实证回归结果

	(1) 无个体固定效应、不加入控制变量 greenpatent	(2) 无个体固定效应、加入控制变量 greenpatent	(3) 有个体固定效应、不加入控制变量 greenpatent	(4) 有个体固定效应、加入控制变量 greenpatent
elt	4.735	4.803	4.735	4.923
	(1.792)	(1.838)	(1.792)	(1.839)

续表

	（1）无个体固定效应、不加入控制变量 greenpatent	（2）无个体固定效应、加入控制变量 greenpatent	（3）有个体固定效应、不加入控制变量 greenpatent	（4）有个体固定效应、加入控制变量 greenpatent
prov-exp1	1.867 (2.805)	1.364 (2.786)	Omitted	Omitted
time	5.165 (2.332)	−1.188 (3.955)	5.165 (2.332)	−8.924 (23.224)
hcarbindus		−1.495 (3.082)		Omitted
stateowned		−5.479 (2.699)		Omitted
alratio		−.004 (.013)		−.003 (.013)
lnasset		6.009 (1.665)		2.393 (2.136)
roa		.006 (.025)		.006 (.025)
invest _ poll		.03 (.035)		.027 (.035)
age		.246 (.288)		1.153 (2.201)
_ cons	.362 (2.387)	−54.745 (15.401)	1.269 (1.53)	−29.314 (24.559)
Observations	3924	3924	3924	3924
R−squared	.z	.z	.01	.01

如表 4-9 所列，情况（1）－（4）分别对应增减不同变量产生的回归，且四种情况对应交互项系数皆在 1%的显著性水平下表现显著：碳市场试点政策变量与政策发生时间交叉项系数显著。横向对比可以得出，无论增添或删除控制变量，个体固定效应和时间固定效应皆不会对本次实证结果的显著性造成实质影响，说明本次双重差分模型实证结果良好，可以推断出碳市场试点机制对企业低碳技术创新具有显著的正向影响。

四、稳健性检验

稳健性检验是对实证分析的补充，其目的是保证显著的实证结果存在一定程度的稳定性，尽量减少实证结果产生的偶然性。稳健性检验要求模型输出结果是稳定的，因此需要通过一系列的方法对其稳定性进行验证，常见的稳定性检验包括改变样本的数据区间和期间、指标变量的替换、不同计算方式的选取、增加解释变量等。胡正陶（2019）替换了被解释变量进行检验，采用人均二氧化碳排放量作为新的被解释变量，同时引入试点城市虚拟变量进行回归，但回归结果不显著，因此说明了原实证结果的显著性。包贵萍（2018）则通过添加可能影响被解释变量的地区变量和其他行业变量作为控制变量进入双重差分模型，重新进行实证检验，由于最终的结果是显著的，因此实证结果是稳健的。

本节选择将样本期间缩短至政策冲击当年及前后一年检验实证结果的稳健性。由于减碳政策模型的实证结果并不显著，因此无须对其进行稳健性检验。对碳交易制度对应的双重差分模型进行稳健性检验，选择的检验方法为缩短样本期间，根据政策冲击发生的前一年、当年和后一年的数据作为新样本对交叉项系数显著性进行检验，结果如表 4-10 所示。

表 4-10 碳交易制度对企业技术创新影响的实证性分析（缩短样本期间的稳健性检验）

	(1) 无个体固定效应、不加入控制变量 greenpatent	(2) 无个体固定效应、加入控制变量 greenpatent	(3) 有个体固定效应、不加入控制变量 greenpatent	(4) 有个体固定效应、加入控制变量 greenpatent
elt	1.73 (.895)	1.669 (.957)	1.73 (.895)	1.684 (.959)
prov-expl	1.617 (1.602)	1.513 (1.593)	Omitted	Omitted
time	532 (.675)	.213 (.876)	.532 (.675)	2.155 (2.025)
hcarbindus	否	−45 (1.767)	否	
stateowned	否	3.82 (1.553)	否	
alratio	否	−.001 (.008)	否	002 (.009)
lnasset	否	4.566 (1.27)	否	−1.995 (2.674)
roa	否	−.001 (.008)	否	002 (.009)
invest _ poll	否	−.002 (03)	否	−.006 (031)
age	否	.11 (167)	否	1.407 (1.243)

续表

	(1) 无个体固定效应、不加入控制变量 greenpatent	(2) 无个体固定效应、加入控制变量 greenpatent	(3) 有个体固定效应、不加入控制变量 greenpatent	(4) 有个体固定效应、加入控制变量 greenpatent
_cons	1.786	41.382	2.572	6.745
	(1.117)	(11.927)	(365)	(27.801)
Observations	981	981	981	981
R－squared	Z	Z	021	022

根据实证结果分析，在10%的显著性水平下碳交易制度试点变量与政策发生时间变量的交互项系数仍然显著且为正，说明在市场开始试点前后一年的时间中，企业的低碳技术创新水平提高了，进而说明在原本的实证分析中得到的实证结果是非常稳健的。在以碳市场政策为研究对象的DID回归结果中考虑单一控制变量的回归系数，可以发现企业的国有性质不利于低碳技术创新，而企业的资产规模则与技术创新同向变化，可以说明在国有性质企业方面，遵循成本效应带来的合规成本有时会高于选择长期投入技术创新带来的创新补偿效应，最终不利于企业的技术发展，但是资产规模的大小可以在一定程度上提高企业的创新补偿效应。因此可以得出，资产规模较大的非国有性质企业在碳市场带来的较为严格的环境规制背景中，低碳技术创新发展得最好。其他因素在较为严格的环境规制中对企业低碳技术创新表现不显著。实际上，政府的财政支持影响企业技术创新的路径与碳市场影响机制相反。碳市场选择能够从出售碳配额中获利的企业进行减排，该类型企业往往拥有着较强的低碳技术研发创新能力。碳政策则优先选择迫切需要减排的企业，比如政府补贴会优先补贴给碳排放量较大的企业，而碳排放量大并不代表其技术研发能力强。在依靠技术创新减排控排的状况下，碳市场本身的选择机制是符合减碳内在要求的，因此碳市场选择机制更加优异。

第二节　低碳政策对低碳技术创新与发展的影响

为了加快落实中国气候的行动目标，我国推出了低碳城市试点政策进行城市层面的环境规制，根据《关于开展低碳地区试点工作的通知》，试点城市可以自主规划并执行低碳发展计划。但是在低碳政策的实施过程当中，各地政府会通过财政补贴、严格监管带来防污治理成本增长等方式直接对本城市企业低碳技术的发展产生影响，同时因本地区低碳政策的实施而带来的外商直接投资的变化、科研投入支出的变动还将间接地对绿色科技的发展产生影响。

一、模型设定、关键变量描述与数据来源

（一）模型设定

本节旨在分析我国所实施的低碳试点政策是否对我国的低碳技术发展产生影响。双重差分模型（Difference－in－Difference）是经济学中评估政策效果时最常用的模型之一，其常规处理方法是将研究对象分为实验组（受到干预）和对照组（未受干预），并在干预前后进行双重差分——时间趋势的差分及政策实施干预的差分，还要再把随着时间而发生变化的这个不具有可识别性的因素剔除掉，从而识别出真实的政策效应。双重差分方法可以有效解决内在问题，通过利用双重差分方法可以排除实验组和对照组之间的"试验之前差别"，从而确定了在执行之前两个区域政策之外的差别，并将其结果进行对比，从而得到一个低碳试验的城市效应，也就是在各试点地区之间的均值和参考值之间的差别。双重差分法模型可以用公式（4－2）来表达：

$$y_{it}=\alpha_0+\alpha_1 w_{it}+\alpha_2 z_{it}+\alpha_3 X_{it}+\beta u_{it}+\varepsilon_{it} \tag{4－2}$$

式中，各变量的下角标 i 表示城市，t 表示年份，t 的取值范围是从 2007 年到 2022 年，y 表示城市低碳技术水平。w 为时间的虚拟变量，$w=1$ 表示当年为政策实施年份，$w=0$ 表示未实施低碳政策的年份。z 是实验虚拟变量，$z=1$ 时，表明这个变量所代表的是实验组，也可以说是那些实施了低碳政策的城市；$z=0$ 时，表明这个变量所表示的是对照组，也可以说是那些并没有实施低碳政策的额外的城市。式中系数 β 用来代表的是这项政策所带来的政策效应，X 表示的是一系列的控制变量，即代表那些除了这个政策本身所具备的效应影响之外的、其他可能会对城市低碳技术的发展所带来不同影响的一些因素，ε 表示随机扰动项。对于这些进行了政策试点的城市来说，政策在实施前后的差分估计可以写为：$y_{11}-y_{10}=\alpha_1+\beta$，那些没有受到政策影响的参照城市，政策在实施前后的差分估计可以写为：$y_{01}-y_{11}=\alpha_1$。因此，低碳试点城市政策对低碳技术的影响为：$(y_{11}-y_{10})-(y_{01}-y_{11})=\beta$。

（二）指标构建与关键变量描述

通过低碳技术深度考察低碳试点政策的实施效果，考虑到在低碳政策当中，政府在财政的支持、补贴以及相关的防污治理管制措施主要是针对本市内各企业而言，而城市的低碳技术水平也在很大程度上取决于企业的低碳技术研发力量，因此，以城市这个范围作为研究刻度，采用其包含的上市公司对于绿色专利的授权与申请的数据作为被解释变量。绿色专利直接反映了一个企业的低碳技术发展水平，并且专利具有排他性，能够体现出低碳技术的外溢性。此外，相较研发投入而言，专利具有明确的技术分类，可以据此对企业的绿色创新技术进行分类，从而反映出不同技术所具有的不同价值。同时，虽然专利申请流程耗时较长，但是由于本实验的时间设置较长，所以将企业绿色专利的申请与授权都考虑进来并进行加总，由此更具有代表性。

城市低碳技术的发展也不仅仅是因为这项低碳试点的政策，所以也要考虑到其他一些有关联的因素会对城市低碳技术水平的发展带来潜在影响，选取一系列可能成真的影响因素作为控制变量，如下所示。

一是外商直接投资（FDI）。在当今世界范围内，随着全球一体化的发展，吸引投资的力度越来越大，外国公司在技术革新中起着举足轻重的作用，而FDI已经从单一的资本流向转向了技术和知识的整体，技术创新的发展需要更多的技术和知识。由于不同地区的经济发展水平差异很大，FDI的吸引力也存在很大差异，所以我们将FDI的相关因素进行了比较，将FDI作为国内生产总值的比例来表达。

二是科学支出占比。科学支出占比其实也没有一个较为明确的概念，大多数时候是指为发展和推动各类科学技术与研发活动而设立的，能够为国家科学技术的研究和发展提供强有力的财政支持的支出。如何促进低碳绿色经济的发展、走可持续发展路线也一直是科学和社会经济领域重要的研究课题。探究科学支出占比，一定程度上也可以说明本地区政府对于科学研究事业的重视程度，也在一些方面对低碳技术的发展起到不同的推动作用。考虑到其他因素指标的相对性，所以用科学支出占GDP比重这种表示方法会更加合适与稳妥。

三是产业扩张水平。对于生产型企业而言，产业扩张的能力可以说明其经济实力的增强和未来业绩的增长，在如今城市化和工业化快速发展的时代，虽然产能的扩张、产业生产规模的扩大会给环境资源带来一定压力，但是在绿色低碳的发展观念逐渐深入，生产规模扩大而资源有限的情况之下，产业也会寻找绿色转型的办法进行生产要素的优化与生产链的升级，也会对城市低碳技术的发展带来间接效应。考虑到产业数据的可获得性，本节以固定资产投资增长率来表示。

表4-11显示了对各个重要变项的描述统计。从表4-11可以看出，低碳技术水平的均值为1.434%，标准差为1.701%，最小值是0.000%，最大值是8.278%；本次试验所选择的试点城市一共有28个，其占总样本的比例是0.871%；外商直接投资水平的均值为12.729%，标准差为17.542%，最小值是0.000%，最大值是144.324%；从整体的分别均值来看，各地区之间的整体差别不大，但也有由于地方政府的一些干预措施而出现的特别情况发生；科学支出水平的平均值为0.003%，标准差为0.003%，最小值是0.000%，最大值是0.0630%，整体看科学支出水平在样本研究期间差异不大；固定资产投资增长率平均值为16.631%，标准差为45.026%，最小值是−93.827%，最大值是18.2369%。整体上该指标的标准差要比平均值远远大得多，说明所被选中的地点在研究期间的行业内规模的扩张存在较大差异。

表4-11　主要变量描述统计

变量	样本量	平均值	标准差	最小值	最大值
低碳技术水平	3213	1.434	1.701	0.000	8.278

续表

变量	样本量	平均值	标准差	最小值	最大值
外商直接投资	3213	12.729	17.542	0.000	144.324
科学支出水平	3213	0.003	0.003	0.000	0.0630
固定资产投资增长率	3210	16.631	45.026	−93.827	18.2369

表 4-12　变量名称及解释

低碳技术水平	现有绿色专利数＋正在申请绿色专利数；ln（1＋patent）
外商直接投资水平	（FDI/GDP）×100
科学支出占比	（Sci exp/GDP）×100
固定资产投资增长率	［（半年固定资产投资额/上年固定资产投资额）−1］×100

（三）数据来源说明

本节研究的样本为 2007—2022 年中国部分城市。其中以北京、上海、石家庄、秦皇岛等 28 个第二批低碳试点城市为实验组，剔除 2010 年第一批和 2017 年第三批低碳试点城市，共收集 261 个城市对照样本数据进行实证研究。在解释低碳技术水平核心变量时，选用了 2007—2022 年中国沪深股市 A 股上市公司的绿色专利申请数目和绿色专利申请数目，数据来源是国家知识产权局。其他控制变量如外商直接投资水平、科学支出占比、固定资产投资增长率的数量均来自历年《中国城市统计年鉴》。

二、实证研究与分析

（一）DID 双重差分实证研究

根据上文中在分析基础上所进行筛选得到的变量，在面板数据支撑下到回归模型中来分析各个变量之间的关系，对每个变量与企业低碳技术的影响进行深入分析。而首先我们可以得到下列回归方程式（4−3）：

$$Inno_{it} = \beta_0 + \beta_1 did + \theta X_{it} + U_i + \lambda_t + \sigma_{it} \tag{4-3}$$

式中，i 代表城市，t 代表年份，θX_{it} 代表控制变量，U_i 代表城市固定效应，λ_t 代表年份固定效应，σ_{it} 代表残差。被解释变量 $Inno_{it}$ 代表第 t 年第 i 个城市的低碳技术水平；did 是交互项代表政策变量，X_{it} 代表外商直接投资水平、科学支出占比、产业扩张水平等三个控制变量，同时后面模型将统一纳入城市固定效应 U_i，时间年份效应 λ_t 以得到更精准的结果。

为了检验结论的稳健性，模型中逐一加入控制变量（见表 4-13）。模型 1 中仅加入交互项政策变量但不加入控制变量，模型 2 在模型 1 的基础上固定了时间和年份，模型 3 在模型 1 的基础上固定了城市和年份并纳入控制变量。根据各模型回归结果可以看出，模型

1中，系数估计值为170.366，且在1%的显著性水平下显著，这说明实施低碳试点政策可以显著促进试点城市的低碳技术发展，提升幅度约为170.366个单位。同理，在模型2中，系数估计值为100.098，且在1%的显著性水平下显著，这也进一步说明在其他因素被控制了的前提之下，实施低碳试点政策可以显著促进试点城市的低碳技术发展，提升幅度约为100.098个单位。在模型3中，系数估计值为85.052，且在1%的显著性水平下显著；控制变量fdi系数的估计值为−3.725，且在1%的显著性水平下显著，这说明在其他因素被控制了的前提之下，fdi一个单位的提高，将使得城市低碳技术水平平均降低约3.725个单位；行业扩张水平系数的估计值为0.031，在10%的显著性水平下不显著，这说明行业扩张对城市绿色水平发展并无明显影响；科学支出占比系数的估计值为4753.152，在1%的显著性水平下显著，这说明在其他因素被控制了的前提之下，增加科学的支出可以显著促进试点城市的低碳技术发展，科学支出占比每增加1%，将会使城市低碳技术水平平均提升约4753.152个单位。上述三个模型did系数的估计值均显著为正，这表明实施低碳政策后可以显著提升城市低碳技术水平的结论具有一定的稳健性。

表4-13　双重差分检验分析

变量	模型1	模型2	模型3
did	170.366*** (14.723)	100.098*** (10.933)	85.052*** (10.662)
fdigdp			−3.725*** (0.306)
capitalrate			0.031 (0.037)
Science expense			4753.152*** (918.226)
cons	26.330** (3.367)	30.004 (1.712)	65.632*** (5.155)
时间效应	否	是	是
城市效应	否	是	是
Nadj. R^2	32130.040	32130.767	32100.781

注：***、**和*代表所得出的系数的t统计量分别在1%、5%和10%的显著性水平上显著。括号中的数值为t值，表示变量的显著性。

（二）平行趋势检验

政策实施前后也需要考虑到作用对象也就是城市自身的实际情况，为了能更清楚和正确地估计政策的净效应，在这里需要进一步进行平行趋势检验。以下所进行的平行趋势检验将主要对比政策实施前后试点组和对照组的变化。

同前面模型设定进行 did 双重差分实验所依赖的数据一样，在这里进行平行趋势假定，即将采用低碳的试点城市和没有采用低碳的试点城市当中企业所进行的有关绿色专利的授权和申请情况作为突破口，发现其时间趋势是一样的。具体可以参照图 4-2 的平行趋势检验结果。在图 4-2 中，横坐标所表示的是实施前后的年份对比，而纵坐标所突出的是城市刻度上企业绿色专利授权和申请均值。从图中较为清楚地看到，第二批试点政策实施之前，试点城市与非试点城市的低碳技术水平是基本上保持着平行趋势的，而在这之后试点城市与非试点城市之间的对比情况发生了较为明显的跳动，即这两组之间在政策之前所保持的那种平行趋势被打破了，也就是说试点城市的低碳技术发展水平相比于非试点城市来说发生了平行趋势的变化，证明此项平行趋势的检验通过了，并且低碳试点政策对低碳技术水平的提高起到显著的促进作用。

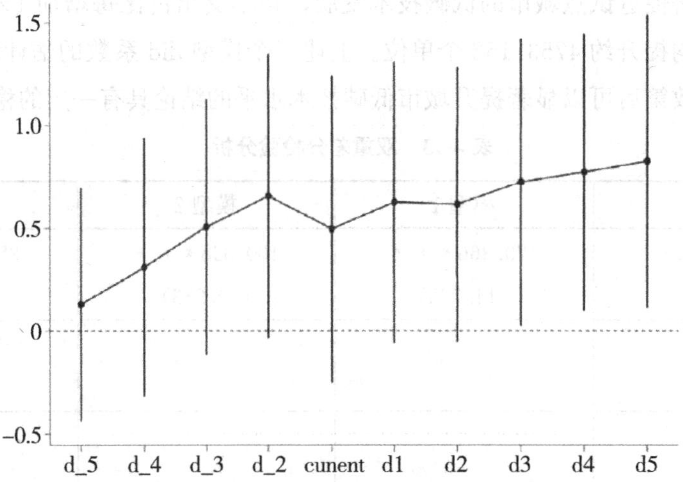

图 4-2 平行趋势检验分析

（三）安慰剂检验

安慰剂检验的原理其实是从医学上的实验引申发展而来，即医学上原本进行了新药的开发，为了进行新药效果的测试，于是随机将病人分为实验组和控制组，接着给实验组的病人吃真实的新药，而给控制组的病人吃替代性的糖丸，但是控制组的病人却不知道自己吃的其实是糖丸，从而也得到了心理上的安慰。所以基于这个原理，将实验组和控制组样本随机打乱，重新检验回归模型系数的显著性。图 4-3 中，虚线代表的是通过实证分析而得到的真实 did 系数，实线代表的是进行安慰剂检测而得到的系数，进行安慰剂检测需要进行在安慰剂实验过程中所得到的系数与真实的 did 回归系数之间的比较。图 4-3 的结果显示这两者之间是存在显著差异的，并且通过安慰剂实验所得到的系数集中在 0 附近，说明在策略实施之前并未得到影响和冲击，而低碳试点政策实施之后其对于低碳技术的影响也是真实存在的。所以模型可信性得到验证，低碳试点政策确实对城市低碳技术水平带来正向影响。

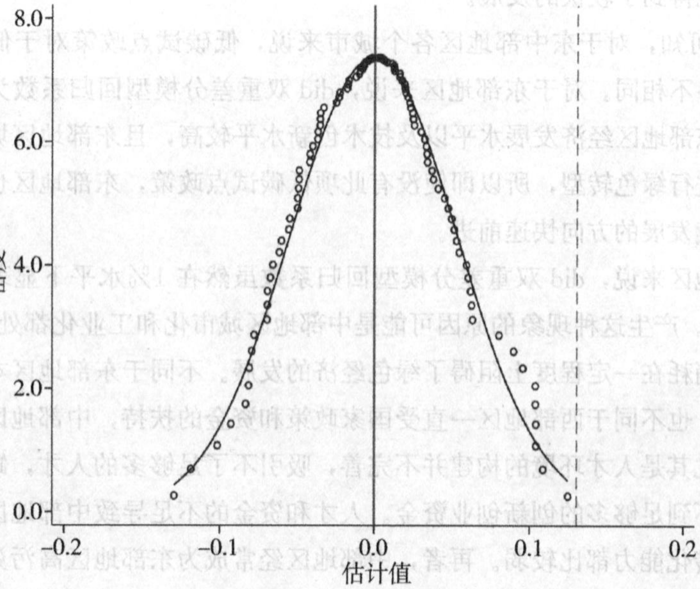

图 4-3 安慰剂检验

（四）稳健性检验

由于绿色专利申请的时间往往不同，为避免其对估计的影响，将被解释变量单独分为上市企业绿色专利申请数目和上市企业绿色专利授权数目来重做回归检验政策的有效性，结果如表 4-14 所示。结果显示，在更换解释变量后，did 系数估计值为 0.270 和 0.244，均在 1%的显著性水平下显著大于 0，这进一步说明试点低碳政策的有效性，说明模型稳健。

表 4-14 稳健性检验分析

变量	上市企业绿色专利申请数目	上市企业绿色专利授权数目
did	0.270＊＊＊（0.063）	0.244＊＊＊（0.066）
fdigdp	−0.026＊＊＊（0.002）	−0.021＊＊＊（0.002）
capitalrate	0.000（0.000）	−0.000（0.000）
Science expense	35.422＊＊＊（5.385）	21.254＊＊＊（5.691）
cons	0.780＊＊＊（0.030）	1.014＊＊＊（0.032）
N	3210	3210
adj. R^2	0.751	0.820

注：＊＊＊、＊＊和＊代表所得出的系数的 t 统计量分别在 1%、5%和 10%的显著性水平上显著。括号中的数值为 t 值，表示变量的显著性。

（五）异质性检验

我国东部地区较发达，无论是经济与技术水平还是文化和交通等方面的发展都非常迅速。中部地区近些年来发生产业转移的现象较为明显，但缺乏较为明显的发展主线。西部地区虽然经济发展较为薄弱，但是经常受到国家战略、资源与财政支持。在西部大开发战略下，近些年也得到了较快的发展。

由表 4-15 可知，对于东中部地区各个城市来说，低碳试点政策对于低碳技术水平的回归系数结果各不相同。对于东部地区来说，did 双重差分模型回归系数为 0.098 且不显著，这是因为东部地区经济发展水平以及技术创新水平较高，且东部地区城市很早开始开发低碳技术，进行绿色转型，所以即使没有此项低碳试点政策，东部地区也已经在努力朝着绿色低碳持续发展的方向快速前进。

对于中部地区来说，did 双重差分模型回归系数虽然在 1%水平下显著，但是回归系数却为−0.426。产生这种现象的原因可能是中部地区城市化和工业化都处在上升发展期，对于资源的高消耗在一定程度上阻碍了绿色经济的发展。不同于东部地区本身处于经济和技术发达地区，也不同于西部地区一直受国家政策和资金的扶持，中部地区技术创新的进步较为缓慢。尤其是人才环境的构建并不完善，吸引不了足够多的人才，缺少人才的有力支撑，也吸引不到足够多的创新创业资金。人才和资金的不足导致中部地区试点城市整体的科技创新和转化能力都比较弱。再者，中部地区经常成为东部地区高污染和高耗能企业的搬迁地，这些企业无形之中侵蚀着中部地区的资源环境和生态环境，所以即使有低碳试点政策的规制，短期内也无法对本地区低碳技术水平的发展起到正向促进作用。

这三部分中，西部地区的 did 双重差分模型回归系数为 0.526 且在 1%水平下显著，原因也是显而易见的，即西部地区近些年来环境保护意识也逐渐增强，且经常受到国家政策和资金的支持，在西部大开发战略下一大批资金和科技人才涌入，而在本次低碳试点政策下可以双向合作，进一步推动当地的低碳技术水平不断升级。

表 4-15　异质性检验分析

变量	(1) 东部地区	(2) 中部地区	(3) 西部地区
did	0.098 (0.117)	−0.426 * * * (0.152)	0.526 * * * (0.163)
fdigdp	−0.012 * * * (0.003)	−0.009 (0.006)	−0.011 (0.011)
capitalrate	0.000 (0.001)	0.000 (0.001)	0.000 (0.001)
Science expense	41.893 * * * (12.725)	49.200 (15.651)	0.568 (10.106)
cons	2.348 * * * (0.099)	1.237 * * * (0.074)	0.996 * * * (0.064)
N	1092	897	767
adj. R^2	0.889	0.807	0.793

注：* * *、* * 和 * 代表所得出的系数的 t 统计量分别在 1%、5%和 10%的显著性水平上显著。括号中的数值为 t 值，表示变量的显著性。

绿色低碳试点政策是我国环境规制当中不可忽视的一个重要推动力，而最初国家推行这项政策也是出于国内和国外多方面的考虑。在国内方面，我国的经济发展过度依赖资源，近年来在城市化与工业化发展过程中，污染气体的排放对于环境造成了巨大压力；在国外方面，各个国家或出于环境保护，或出于国际贸易、国际投资竞争力等多重因素，对其他国家的商品施以严格的法律规制或关税打击，需要采用合理的环境规制政策即低碳城市试点政策作为参与全球治理以及密切同其他国家合作的重要推动力。在 did 双重差分检验方法的基础之上，通过依次加入城市层面对外直接投资水平、科学支出占比以及产业规模扩张等一系列控制变量及不同的固定效应。研究表明，无论在何种情况下，政府的低碳试点政策对于城市低碳技术水平的推动都是显著为正，因此低碳城市试点政策对城市低碳技术的发展总体上起到了积极的影响。

第五章 基于低碳技术的产业结构升级

第一节 低碳技术与制造业绿色转型

一、低碳技术创新对制造业绿色转型影响机制

（一）低碳技术创新对制造业绿色转型的直接影响

1. 技术进步和规模改进效应

首先，技术创新带来的技术进步效应有助于降低制造业生产过程中对资源和能源的依赖程度，减少要素浪费，同时，改进制造业产品的生产方式和工艺水平，增加产品多样性，有助于提升制造业产品质量和产品价值，促进制造业绿色转型。其次，通过技术创新等形成技术优势有助于企业利用其技术优势进行强强联合，扩大市场规模，形成规模效益，有利于降低信息和交易成本，同时，先进性低碳技术创新的企业可获得先发优势，引起其他企业效仿从而产生规模改进效应，带动制造业绿色转型。

2. 集约化效应

在经济高速增长时期，制造业粗放式增长导致了大量的资源消耗，并对生态环境造成了破坏。与投入大量土地、劳动、资产等要素而获取经济效益的生产方式不同，集约型生产方式以技术研发创新和应用创新为动力，以其技术渗透能力优化资源配置。集约化效应主要体现在以下几个方面：第一，在生产要素方面，低碳技术创新带来的集约化效应可使原本的生产要素高级化，减少对资源的依赖程度，有利于集合生产要素优势，提高资源利用效率，深化生产要素的利用程度，减少资源浪费。第二，低碳技术创新能够改变原有的资源配置模式，采用先进的生产技术和管理模式有利于优化要素生产组合，持续优化组织架构，精减人员配置，提高生产要素配置效率。第三，在制造业生产过程中，低碳技术创新效率提升有利于改造和升级制造业企业设备，以提供更为先进的绿色生产流程和工艺，促进高污染、高耗能生产方式向低污染、低能耗和高产出的生产模式转型，从而提升经济集约程度和产出质量，实现节能减排。

（二）低碳技术创新对制造业绿色转型的空间溢出影响

低碳技术创新通过市场邻近形成知识和技术外溢，推进制造业绿色化发展和制造业绿色转型。具体来说：第一，制造业技术不断创新可以有效缩短产品研发和生产周期，提高

产品的技术附加值。同时，技术创新带来的信息溢出效应使信息技术不断提升，可以提供给供需双方更多的信息，有效降低由于信息不对称导致的信息搜寻和交易成本，从而提高企业决策和交易效率，进而促进制造业的经济增长。第二，技术创新带来的知识溢出效应有利于提高制造业的人力资本素质和技术水平，从而提高制造业全要素生产率，完善和优化制造业经济增长模式。第三，低碳技术创新的知识技术溢出效应有利于促进高技术产业技术创新成果向传统产业扩散，推动传统产业向智能化、数字化和高端化转型；同时，加强产业间的协调能力，提高关联水平，有利于优化产业结构，降低绿色生产成本，促进制造业绿色转型。

二、制造业绿色转型的效率测度与变化特征

（一）制造业绿色转型效率测度

1. 测度方法与模型构建

目前关于绿色转型的测度方法主要有综合指标评价法和绿色全要素生产率法[①]。其中综合指标评价法是采用熵权法、因子分析法、主成分分析法等方法确定指标权重，进而构建评价指标体系来描述绿色转型水平；绿色全要素生产率法是在研究经济发展的同时考虑环境因素，采用数据包络法（DEA）、LM 指数法等测度绿色转型效率。

绿色转型升级应兼顾经济和环境绩效[②]。借鉴胡安军（2019）[③]、何吾洁（2020）[④]、李小奕（2021）[⑤] 等学者的研究成果可知，制造业绿色转型的核心是实现生产方式由高耗能向绿色节能的生产方式转变，生产动力由过度依赖能源资源转向以人才、技术作为驱动，生产目标由只重视经济发展转向经济、生态协调发展。简而言之，制造业绿色转型的核心在于“绿色”，因此，为了科学、客观地评价制造业“绿化”情况，要以制造业绿色全要素生产率来衡量制造业绿色转型效率。与其他测度方法相比，绿色全要素生产率能够同时考虑到经济发展与环境问题，将环境污染指数作为非期望产出，能够更加客观、准确地测度制造业绿色转型效率，降低因忽略环境因素而带来的偏误[⑥]。

2. 指标选取与数据说明

依据制造业绿色转型的内涵与现有研究成果，本部分在测度制造业绿色转型效率时，

---

① 雷玉桃，张淑雯，孙菁靖．环境规制对制造业绿色转型的影响机制及实证研究［J］．科技进步与对策，2020，37（23）：63－70.

② 鄢晓凤．生产性服务业集聚、信息通信技术对制造业绿色转型升级的影响研究［D］．重庆：西南大学，2021.

③ 胡安军．环境规制、技术创新与中国工业绿色转型研究［D］．兰州：兰州大学，2019.

④ 何吾洁，梁小红，陈含桦．绿色税收对制造业绿色转型的效应分析——基于 SBM－DDF 模型和 Luenberger 指数测算［J］．生态经济，2020，36（9）：58－66.

⑤ 李小奕．地方财政支出效率与制造业绿色转型升级［J］．财经问题研究，2021（09）：75－82.

⑥ 李卫兵，梁榜．中国区域绿色全要素生产率溢出效应研究［J］．华中科技大学学报（社会科学版），2017，31（04）：56－66.

选择资本、劳动、能源和工业污染治理投资作为投入要素，期望产出指标为制造业总产值，非期望产出指标为环境污染指数。

资本投入使用各省制造业全社会固定资产投资衡量，数据来自《中国统计年鉴》；劳动投入使用各省规模以上制造企业的平均从业人数衡量，数据来自《中国工业统计年鉴》；由于制造业能源投入省级面板数据缺失，能源投入使用各省综合能源平衡表中的工业终端消费量衡量，数据来自《中国能源统计年鉴》；污染治理投入方面，因制造业绿色转型强调要扎实推进清洁生产，加强污染治理，将污染治理完成投资额考虑在内可以体现制造业绿色转型的环境约束，由于没有制造业污染治理投资统计数据，故用工业污染治理投资额表示，数据来源于《中国环境统计年鉴》。

产出指标包括期望产出和非期望产出。期望产出使用制造业总产值衡量，数据来自《中国工业统计年鉴》。非期望产出代表的是制造业在生产制造中由于消耗资源而对环境产生的负面影响，这种影响主要表现在空气污染、废水排放、垃圾排放等方面，由于缺乏关于制造业污染排放量的数据，因此在本研究中选择工业废水排放量、废气排放量、固体废弃物排放量三个指标作为衡量环境污染排放的指标，而 SBM 模型要求投入产出指标不应当过多，为更准确、客观地衡量环境污染情况，借鉴雷玉桃（2020）的方法①，使用熵值法确定“三废”指标的权重，从而合成环境污染物排放指数，将该指数视为非期望产出，基础数据来源于《中国环境统计年鉴》。

表 5-1　制造业绿色转型效率投入产出指标

一级指标	二级指标	指标解释	单位
投入	资本投入	制造业全社会固定资产投资	亿元
	劳动投入	规模以上制造企业的平均从业人数	万人
	能源投入	工业终端能源消费量	万吨
	标准煤污染治理投入	工业污染治理投资额	万元
产出	期望产出	制造业总产值	亿元
	非期望产出	环境污染	/

根据制造业绿色转型效率在研究期内整体的变化趋势，可以将其分为四种类型，即效率值增长型、效率值下降型、效率值波动型和效率值稳定型。其中，效率值增长型表现为在研究期内效率值大致呈增长趋势，后期的效率值大于前期的效率值；效率值下降型表现为在研究期内效率值总体呈下降趋势，后期的效率值小于前期的效率值；效率值波动型表现为在研究期内效率值时增时减，呈明显的波动变化特征；效率值稳定型表现为在研究期内效率值变化幅度较小，基本稳定在同一水平。具体分类结果如表 5-2 所示。

① 雷玉桃，张淑雯，孙菁靖．环境规制对制造业绿色转型的影响机制及实证研究［J］．科技进步与对策，2020，37（23）：63－70．

表 5-2　2006—2022 年我国 30 个样本省份制造业绿色转型效率变化分类

	增长型	下降型	波动型	稳定型
东部	河北、山东	海南	北京、江苏、浙江、广东	天津、上海、福建
中部	湖北		山西、安徽、湖南、重庆、四川、甘肃、云南、陕西、宁夏	江西、河南
西部	贵州	新疆		内蒙古、广西、青海
东北		黑龙江	辽宁、吉林	

资料来源：MaxDEA7.0 测算结果。

由表 5-2 可以看到，大部分省份的制造业绿色转型效率呈波动型变化，其中北京、江苏等东部地区的制造业绿色转型效率在较高效率值与中、低等效率值之间波动，东北部地区的辽宁和吉林两省的制造业绿色转型效率在中等效率值与较低效率值之间波动。效率值波动型地区对于投入产出量的变化反应比较灵敏，因此需要根据当地发展变化寻求适当的投入产出比，从而使制造业绿色转型效率呈现稳中求进的趋势。东部的河北、山东，中部的湖北以及西部的贵州属于制造业绿色转型效率值增长型地区，这些地区通过调整投入产出量使制造业绿色转型效率逐渐向生产前沿靠近。效率值下降的地区有东部的海南、西部的新疆以及东北的黑龙江等，这些地区投入量与产出量比例逐渐失衡，导致效率值逐渐降低。效率值基本保持稳定的地区包括东部地区的天津、上海、福建，中部地区的江西、河南以及西部地区的内蒙古、广西、青海等，这些地区尚未对投入产出做出调整，或所做措施对制造业绿色转型效率无明显促进作用。

（二）制造业绿色转型效率变化特征

1. 制造业绿色转型效率时序变化特征

我国制造业绿色转型效率均值总体呈波动型变化，整体来看增长幅度较小[①]。具体来看，2006—2007 年出现小幅增长；2007—2009 年制造业绿色转型效率降低，此时正值世界金融危机席卷全球，此次金融危机导致我国制造业原材料、劳动力及物流成本上升，资金占用比例扩大，市场需求减少，销量下降，从而可能致使制造业绿色转型效率骤减；2009 年后制造业绿色转型效率均值大幅提高；而后 2011—2017 年效率均值呈波动型变化，这可能是因为制造业发展进入换挡调整期及去产能调结构的发展阶段，以此实现经济的高质量发展，出现制造业绿色转型效率均值出现不同程度的下滑；到了 2017 年后，制造业绿色转型效率均值开始出现上升的趋势，逐渐向着制造业绿色效率提升和经济高质量的方向发展。

2. 制造业绿色转型效率空间分布特征

我国中、东部地区制造业绿色转型效率均值相对较高，西部及东北地区效率均值偏低。中部是连接东西南北的重要区域，具有丰富的资源和良好的工业基础，沿海地区具有

① 李新安，李慧．中国制造业绿色发展的时空格局演变及路径研究［J］．区域经济评论，2021（04）：64－73.

制造业产品出口便利，也便于吸收先进的生产技术，基于以上区域优势促使中东部地区制造业绿色转型效率较高。我国西部和东北地区的制造业绿色转型效率较低，这是因为西部及东北部地区虽然资源丰富，但是过度依赖高耗能高污染产业。综上，从四大区域层面来看，我国制造业绿色转型效率值分布具有一定的区域异质性。

我国制造业绿色转型效率在时空视角下有从低效率到高效率演进的特征，同时，我国制造业的绿色转型效率呈现出从发达区域向周围不发达区域辐射的特征。

综合低碳技术创新效率与制造业绿色转型效率的时空演变规律来看，二者在研究期内整体呈增长的趋势，且东部地区效率值较高，东北部地区效率值较低。结合变化特征，初步预测低碳技术创新效率与制造业绿色转型效率存在正相关关系。

三、低碳技术创新对制造业绿色转型影响空间效应分析

（一）空间计量模型简介及变量选取

1. 空间计量模型简介

前文对我国低碳技术创新和制造业绿色转型效率进行了测度并分析了其时空演变特征，初步判断二者具有空间积聚性，在低碳技术创新对制造业绿色转型的影响机制的理论分析基础上，运用低碳技术创新和制造业绿色转型的效率测度结果，从空间效应视角分析低碳技术创新对制造业绿色转型的影响，通过构建空间计量模型分解低碳技术创新对制造业绿色转型影响的直接效应、溢出效应和总效应，为提升我国制造业绿色转型效率提供理论与数据支持。

在应用空间计量经济模型的过程中一个重要的思想便是将区域之间的关联性引入模型中，根据对于这种空间关联性表达方式的不同，将空间计量模型主要分为三种，即空间自回归模型、空间误差模型和空间杜宾模型。

（1）空间自回归模型。空间自回归模型侧重于考察被解释变量的空间相关性，若某一观测个体为其他观测个体的反应函数时，空间的关联性随之产生。正是由于这种空间关联性的普遍存在，空间自回归模型得到了广泛的应用与发展。其具体形式如下：

$$Y=\rho WY+X\beta+\varepsilon \qquad (5-1)$$

式（5—1）中，Y 表示因变量的列向量，ρ 为空间自回归系数，用于表示观测区域内被解释变量与相邻地区内被解释变量的相互影响程度。W 为空间权重矩阵，X 为解释变量矩阵，β 为解释变量系数，ε 为随机误差项。

（2）空间误差模型。空间误差模型一是用于解决包含遗漏变量所造成的偏误，二是考虑到空间异质性的存在。空间相关性不只存在于外生性解释变量与被解释变量之间，也可以存在于随机误差项之间。其具体形式如下：

$$\begin{aligned} Y&=X\beta+\mu \\ \mu&=\lambda W\mu+\varepsilon \end{aligned} \qquad (5-2)$$

式（5－2）中，W 为空间权重矩阵，X 为解释变量矩阵，λ 为随机误差项的空间自相关系数，用于体现随机误差项空间效应。

（3）空间杜宾模型。空间杜宾模型将空间自回归模型和空间误差模型结合起来，并考虑了空间滞后的解释变量和被解释变量之间的相互作用：

$$Y=\rho WY+X\beta+WX\delta+\varepsilon \tag{5-3}$$

式（5－3）中，ρWY 含义同空间滞后模型，$WX\delta$ 表示其他区域自变量的影响，δ 为相应的自变量空间自回归系数。

2. 变量选择与数据处理

考虑到数据可得性，将除西藏、港澳台地区之外的 30 个省（自治区、直辖市）作为研究样本，以制造业绿色转型为被解释变量，低碳技术创新为核心解释变量，影响制造业绿色转型的其他因素为控制变量，建立空间计量模型，研究低碳技术创新对制造业绿色转型的空间效应。变量选取具体说明如下。

被解释变量：制造业绿色转型（GTMI）。以制造业固定资产投资、平均从业人员、制造业能源消费、环境污染投资治理为投入指标，制造业总产值、环境污染指数分别为期望产出与非期望产出指标，采用 SBM 模型测算制造业绿色转型效率值，以此表征制造业的绿色转型。

核心解释变量：低碳技术创新（GTIE）。将 R&D 人员全时当量、经费支出和能源投入被选为投入指标，地区生产总值、高技术专利申请数作为期望产出，碳排放量作为非期望产出，通过 SBM 模型测算低碳技术创新效率值，用该测算结果表示低碳技术创新。

控制变量：城镇化水平（UI）借鉴徐敏和姜勇（2015）的做法①，选取地区城镇人口与地区总人口的比值衡量城镇化水平，相关数据来源于各省统计年鉴；信息化水平（IL）参考汪小英等（2021）的方法②，基于数据的可获取性，选用各省份互联网宽带接入端口数来衡量各省份的信息化发展程度，相关数据来源于各省统计年鉴；产权结构（PRS）借鉴刘丹玉等（2021）衡量产权结构的方法③，选择国有股控工业企业利润总额占规模以上工业企业利润总额的比重表征产权结构，数据来源于《中国工业统计年鉴》与各省统计年鉴；外商直接投资水平（FDI）参考原毅军等（2015）学者对外商直接投资的测度方法④，选用实际外商直接投资额占 GDP 的比重来衡量，其中，实际外商直接投资额是以人民币对美元的年均汇率计算的，数据来源于各省统计年鉴；人力资本水平（TP）参照姚战琪

① 徐敏，姜勇．中国产业结构升级能缩小城乡消费差距吗？[J]．数量经济技术经济研究，2015，32（03）：3－21.

② 汪小英，王宜龙，沈镭，等．信息化对中国能源强度的空间效应——基于空间杜宾误差模型 [J]．资源科学，2021，43（09）：1752－1763.

③ 刘丹玉，郑洁，潘明明．中国制造业产权结构对创新投入的影响研究 [J]．经济界，2021（06）：25－29.

④ 原毅军，谢荣辉．FDI、环境规制与中国工业绿色全要素生产率增长——基于 Luenberger 指数的实证研究 [J]．国际贸易问题，2015（08）：84－93.

（2020）的方法①，使用普通高等学校毕业生数来衡量人力资本水平，数据来源于各省统计年鉴；环境规制（PCC）相关研究对区域层面环境规制指标的构造趋于成熟和完善，但行业层面环境规制的衡量仍有较大困难，已有的研究往往将废气和废水治理费用之和与主营业务收入之比衡量环境规制，然而，无法真实反映出当前污染水平上的治污负担。基于此，参考黄庆华等（2018）的方法测算环境规制②，具体见公式（5−4）：

$$PCC = \sum_{i=1}^{2} \frac{cos_i}{emi_i} \frac{fac_i}{fac_1 + fac_2} \tag{5-4}$$

式中，i 的取值为 1 和 2，$i=1$ 表示工业废水，$i=2$ 表示工业废气；cos_i 表示工业废水治理费用和废气治理费用；emi_i 表示废水排放量和废气排放量；fac_i 表示废水处理设施和废气处理设施。数据来源于《中国环境统计年鉴》。

表 5-3 变量说明与数据来源

	变量名称	变量说明	单位数据	来源
被解释变量	制造业绿色转型（GTMI）	制造业绿色转型绩效值	—	Max DEA7.0 测算结果
核心解释变量	低碳技术创新（GTIE）	低碳技术创新效率	—	Max DEA7.0 测算结果
控制变量	城镇化水平（UI）	（城镇人口/年末常住人口）×100%	%	各省统计年鉴
	信息化水平（IL）	互联网宽带接入端口数	万个	各省统计年鉴
	产权结构（PRS）	（国有股控工业企业利润总额/规模以上工业企业利润总额）×100%	%	各省统计年鉴，《中国工业统计年鉴》
	外商直接投资水平（FDI）	实际利用外商直接投资额/GDP	—	各省统计年鉴
	人力资本水平（TP）	普通高等学校毕业生数	万人	各省统计年鉴
	环境规制（PCC）	参考黄庆华等（2018）的方法测算	—	《中国环境统计年鉴》

（二）空间自相关检验

1. 构建空间权重矩阵

对区域间空间距离的度量是进行空间计量分析的前提。在讨论空间相关性质之前，第

① 姚战琪．人力资本、协同集聚对出口技术复杂度的影响：基于有调节的中介效应视角［J］．西安交通大学学报（社会科学版），2020，40（04）：80−90.

② 黄庆华，胡江峰，陈习定．环境规制与绿色全要素生产率：两难还是双赢？［J］．中国人口·资源与环境，2018，28（11）：140−149.

一步需要进行的工作就是对涉及样本数据的区位因素进行量化，通过不同的空间权重矩阵来表达区位因素之间的空间交互作用，构建的依据便是根据不同准则所设定的“距离”。空间权重矩阵是表达与被解释变量空间关联性的重要载体，常用的空间权重矩阵主要有地理相邻权重矩阵、地理距离权重矩阵以及经济空间权重矩阵。

（1）地理相邻权重矩阵。地理相邻权重矩阵也称邻接空间权重矩阵，两地相邻记为1，不相邻记为0。计算公式为：

$$W_1=\begin{cases}1,\ i\text{ 地与 }j\text{ 地相邻}\\0,\ i\text{ 地与 }j\text{ 地不相邻}\end{cases}\tag{5—5}$$

（2）地理距离权重矩阵。地理距离权重矩阵也称反距离矩阵，记 i 地与 j 地的距离为 d_{ij}，d_{ij} 的大小由 i 地与 j 地的经纬度确定，d 为事先给定的临界值，计算公式为：

$$W_2=\begin{cases}\dfrac{1}{d_{ij}^2},\text{ 若 }d_{ij}^2<d\\0,\text{ 若 }d_{ij}^2>d\end{cases}\tag{5—6}$$

（3）经济空间权重矩阵。经济空间权重矩阵将经济信息纳入矩阵中，可以体现各地区经济上的相互影响，计算公式为：

$$W_3=\begin{cases}\dfrac{1}{|Y_i-Y_j|},\text{ 若 }i\neq j\\0,\text{ 若 }i\neq j\end{cases}\tag{5—7}$$

式中，Y_i 为 i 地在本期的GDP，Y_j 为 j 地在本期的GDP。GDP是衡量各地发展的综合性指标，包含较多信息，选择人均GDP作为测度地区间经济发展差异的指标构建经济距离权重矩阵较为合理，能较好地拟合地区经济发展状况①。

综合考虑经济信息与地理信息，借鉴张桅和胡艳（2020）的方法②，本部分构建经济—距离嵌套空间权重矩阵进行空间计量分析，使用省份经纬度以及区域人均GDP平均值进行计算，计算公式为：

$$W_{ij}=W_2\times W_3\tag{5—8}$$

2. 空间自相关性检验

在构建空间面板模型前必须考虑研究对象的空间相关性。只有研究对象存在空间相关性才可以构建空间面板模型。如果相邻位置区域的变量取值相近则称为存在空间自相关，当高值和高值集中，低值和低值聚集时，则空间自相关为正；当高值和低值相邻时，空间的自相关为负；若高值与低值无明显的聚集规律，完全随机分布，则不存在空间自相关。关于测度数据的空间自相关性有很多方法，本部分使用被广泛应用的莫兰指数和莫兰散点

① 林光平，龙志和，吴梅．我国地区经济收敛的空间计量实证分析：1978—2002年［J］．经济学（季刊），2005（S1）：67－82.

② 张桅，胡艳．长三角地区创新型人力资本对绿色全要素生产率的影响——基于空间杜宾模型的实证分析［J］．中国人口·资源与环境，2020，30（09）：106－120.

图检验空间自相关性。

(1) 全局自相关检验。通过计算全局莫兰指数（I）对制造业绿色转型效率（GTMI）和低碳技术创新效率（GTIE）进行全局自相关检验，莫兰指数的计算公式如下：

$$I=\frac{\sum_{i=1}^{n}\sum_{j=1}^{n}w_{ij}(x_i-\bar{x})(x_j-\bar{x})}{\sum_{i=1}^{n}(x_i-\bar{x})^2} \tag{5—9}$$

一般地，莫兰指数的取值范围是（−1，1）。$I>0$ 表示正相关，即高值与高值聚集，低值与低值聚集；$I<0$ 则表示负相关，即高值与低值相邻；如果 I 接近于 0，则表明空间分布是随机的，不存在空间自相关。

通过计算莫兰指数更准确地检验低碳技术创新效率和制造业绿色转型效率的全局空间自相关性，由 Stata15.0 软件测算的全局莫兰指数结果如表 5-4 所示。

表 5-4　制造业绿色转型效率（GTMI）与低碳技术创新效率（GTIE）莫兰指数（I）

年份	GTMI		GTIE	
	I	p—value	I	p—value
2017	−0.042	0.426	0.163	0.020
2018	0.086	0.001	0.109	0.071
2019	−0.049	0.357	0.133	0.042
2020	−0.045	0.275	0.147	0.053

根据表 5-4 结果可知，除个别年份未通过显著性检验外，其余年份的 GTMI 和 GTIE 的莫兰指数均为正，且绝大部分通过了 10%的显著性检验，表示我国制造业绿色转型与低碳技术创新均存在正的空间自相关性，而非随机分布。因此有必要将空间因素纳入模型，从空间地理视角研究低碳技术创新对制造业绿色转型的影响。

(2) 局域自相关检验。全局莫兰指数检验的是整个空间内的自相关性，想要进一步了解空间集聚情况，可以绘制制造业绿色转型效率以及低碳技术创新效率的莫兰散点图。由于莫兰散点图只能使用截面数据，所以绘制 2011 年和 2018 年制造业绿色转型效率以及低碳技术创新效率的莫兰散点图，如图 5-1、图 5-2 所示。

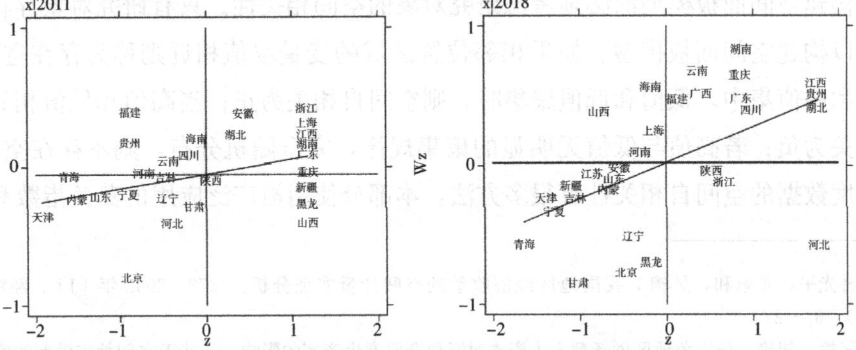

图 5-1　2011 年、2018 年制造业绿色转型效率局部莫兰散点图

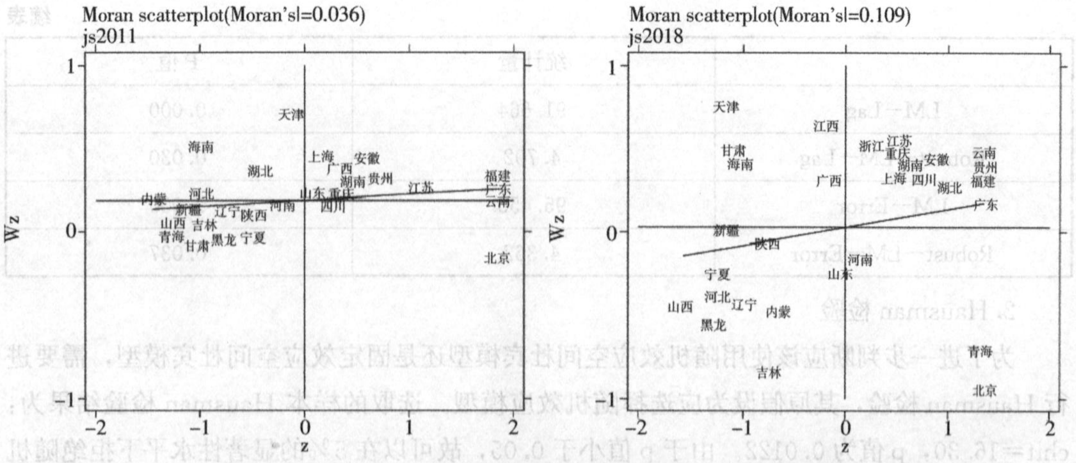

图 5-2 2011 年、2018 年低碳技术创新效率局部莫兰散点图

如图 5-1、图 5-2 展示的莫兰散点图所示，第一象限的点表示本地区指标为高值，且邻近地区的指标值也为高值；第三象限的点表示本地指标为低值，周围地区也为低值，即落在第一、第三象限的点表示存在正的空间相关性，同理可知落在第二、第四象限的点表示存在负的自相关性。由图 5-1、图 5-2 可知，局部空间中，各省份制造业绿色转型效率以及低碳技术创新效率的“高—高”聚集与“低—低”集聚的空间联系形式较为普遍。此外还可以看到制造业绿色转型效率的局部莫兰指数由 2011 年的 0.105 增长为 2018 年的 0.258，低碳技术创新效率的局部莫兰指数由 2011 年的 0.036 增长为 2018 年的 0.109，由此说明我国制造业绿色转型效率以及低碳技术创新效率存在一定的空间集聚性，且空间集聚性有所增加，若忽略掉低碳技术创新效率与制造业绿色转型的空间效应，将导致计量估计结果的偏差。因此，建立空间面板模型分析低碳技术创新对于制造业绿色转型的促进作用。

（三）空间计量模型构建

1. LM 检验

LM 检验用来检验残差项是否存在空间依赖特征，其原假设为不存在空间滞后或误差效应。通过 LM 检验可以对空间滞后模型、空间误差模型、空间杜宾模型进行初步筛选，如果仅存在滞后效应则选择空间滞后模型，如果仅存在误差效应则应选择空间误差模型，如果既存在滞后效应也存在误差效应则选择空间杜宾模型。LM 检验结果如表 5-5 所示，LM—Lag 和 LM—Error 在 1%的显著性水平下拒绝原假设，Robust—LM—Lag 和 Robust—LM—Error 在 5%的显著性水平下拒绝原假设，表明既存在误差效应也存在滞后效应，因此初步判断应该构建空间杜宾模型。

表 5-5 LM 检验结果

	统计量	P 值
Moran's I	10.336	0.000

续表

	统计量	P值
LM－Lag	91.664	0.000
Robust－LM－Lag	4.702	0.030
LM－Error	95.455	0.000
Robust－LM－Error	4.362	0.037

2. Hausman 检验

为了进一步判断应该使用随机效应空间杜宾模型还是固定效应空间杜宾模型，需要进行 Hausman 检验，其原假设为应选择随机效应模型。选取的样本 Hausman 检验结果为：chit＝16.30，p 值为 0.0122。由于 p 值小于 0.05，故可以在 5%的显著性水平下拒绝随机效应原假设，因此构建固定效应空间杜宾模型。

3. LR 似然比检验与 Wald 检验

根据模型选择策略，还需要通过 LR 似然比检验和 Wald 检验空间杜宾模型是否可以退化为空间滞后模型或空间误差模型。检验结果如表 5-6 所示。

表 5-6 LR 似然比检验与 Wald 检验结果

检验	卡方	p值
LR－SDM－SAR	14.90	0.0210
LR－SDM－SEM	11.79	0.0668
Wald－SDM－SAR	14.95	0.0106
Wald－SDM－SEM	10.89	0.0920

表 5-6 结果显示，LR－SDM－SAR、Wald－SDM－SAR 在 1%的显著性水平下显著，而 LR－SDM－SEM、Wald－SDM－SEM 在 10%的显著性水平下显著，但是在 5%的显著性水平下，空间杜宾模型有可能会退化成空间误差模型。

四、低碳技术创新对制造业绿色转型影响空间效应分解

（一）空间杜宾模型结果分析

制造业绿色转型不仅受当地影响，也受其他省份低碳技术创新的积极影响。对劳动密集型制造业来说，人力资本质量对制造业自身发展至关重要。盘活人力资源、增加人力资本投入才能提高生产技术水平、减少生产过程中的能源消耗，进而促进制造业实现绿色转型。制造业的绿色转型离不开科技信息的发展，信息化水平将会影响制造业绿色转型进程。增加人力资本投入、提高信息化水平可以有效推进制造业绿色转型。环境规制在研究期内会增加制造业环保成本，导致生产率降低，从而抑制制造业绿色转型。相较于民营企业，国有企业对资源利用效率往往较低，这就容易导致一定规模以上国有工业企业欠缺采取相关措施来减少合规成本的内在动力，因此产权结构对制造业绿色转型效率的影响效应为负。

（二）空间效应分解

由于空间杜宾模型中包含了空间因素，因此解释变量回归系数受变量间空间相关性的影响，系数大小不可直接说明解释变量对制造业低碳技术创新的影响大小。为了进一步分析低碳技术创新以及其他因素对制造业绿色转型的空间效应，将影响效应分解为直接效应、空间溢出效应和总效应。直接效应反映解释变量对本地的被解释变量的影响，间接效应反映解释变量在邻近区域中的作用，又称为“空间外溢”，总效应是指直接影响和间接影响的综合影响。效应分解结果如表 5-7 所示。

表 5-7　空间杜宾模型直接效应和溢出效应分解变量

	直接效应	溢出效应	总效应
GTIE	0.1584** (2.5257)	0.3247** (2.4482)	0.4830*** (4.2441)
LnTP	0.2604*** (4.5967)	−0.0670** (−2.2498)	0.1934*** (4.0343)
PRS	−0.1984** (−2.0707)	−0.1911 (−0.8724)	−0.3895* (−1.7410)
PCC	−2.9492*** (−3.3769)	−6.8551*** (−4.1326)	−9.7843*** (−5.1558)
FDI	−0.0101 (−0.5289)	0.0916** (2.2345)	0.0814* (1.8465)
LnIL	0.1486*** (4.0823)	−0.0642 (−0.7348)	0.0843 (1.0368)
UI	0.0001 (0.0495)	0.0031 (0.8315)	0.0032 (0.8752)

注：***、**、*分别表示在1%、5%和10%的显著性水平下显著，括号内为z统计量值。该资料来自 Stata15.0 测算结果。

首先，由表 5-7 可知，基于空间视角，低碳技术创新对制造业绿色转型具有显著的积极影响。从直接效应来看，GTIE 的系数为 0.1584，且在 5%的显著性水平下显著，表明低碳技术创新对制造业绿色转型有直接的正向影响，正如大多数学者所认可的那样，提升低碳技术创新效率有利于制造业绿色转型。低碳技术创新可以为制造业提供技术支持，形成技术优势，实现资源合理配置，降低环保成本，实现节能减排，推动制造业绿色转型。从空间溢出效应来看，GTIE 的系数为 0.3247，且在 5%的显著性水平下显著，大于直接效应的系数，这说明低碳技术创新对邻近省域的制造业绿色转型具有积极推动作用，且该溢出效应大于对本地制造业绿色转型的直接作用，说明低碳技术创新在空间上对制造业绿色转型的溢出作用不容小觑，本省会从邻近省域低碳技术创新效率提升中获得一定技术溢出，从而对本地区制造业绿色转型产生积极影响。此外，当本省观察到邻近省份制造业绿色转型效率提高时，可能也会采取相应的策略来改变当地的制造业绿色转型水平，由此产生观摩效应。由低碳技术创新效率领先的地区带动周边地区，以开放、高效的方式促进各地区间经济要素流动、创新扩散、技术溢出，在地理空间上相互影响相互支持，共同实现制造业绿色转型。

其次，从直接效应来看，LnTP、LnIL 的系数分别为 0.2604、0.1486，且均在 1%的显著性水平下显著，即人力资本与信息化水平对制造业绿色转型有直接促进作用。人力资本的累积有利于制造业实现绿色转型，增加人力资本投入有利于高素质劳动力进入制造业提高劳动力生产率，提升投入要素生产效率，减少能源消耗，通过提高制造业的资源利用率促进其绿色转型。信息化水平的提升会降低制造业获取信息的成本，使制造业更易于掌握市场规律，由低端向高端转型，改进生产制造方式，从而实现低耗能高产出的制造业发展模式。PCC、PRS 的系数为负，且分别在 1%和 5%的显著性水平下显著，说明环境规制、产权结构对制造业绿色转型有直接的抑制作用。环境规制导致制造业治理污染成本增加，生产效率降低，在研究期内环境规制尚未发挥出对制造业绿色转型的激励作用。与私有企业相比，国企产权界定不清，没有有效的激励机制，从而产生了效率损失，阻碍制造业绿色转型。从空间溢出效应来看，FDI 的系数为 0.0916，且在 5%的显著性水平下显著，表示本地外商直接投资对经济、地理距离相近省份的制造业绿色转型呈正相关，即本地外商直接投资通过知识和技术的辐射作用对周边省份的绿色经济效率产生了正向空间溢出效应。外商直接投资的外溢作用会为邻近省份带来先进的节能技术和成熟的管理经验，有利于制造业绿色转型。LnTP、PCC 的系数分别为−0.0670、−6.8551，且分别在 5%和 1%的显著性水平下显著，说明人力资本与环境规制对邻近省份制造业绿色转型具有消极作用。尽管人力资本有利于本地制造业绿色转型，但随着本地人力资本的积累会对周边省份的人才集聚产生挤出效应，因而本地人力资本对邻近省份制造业转型产生了一定的负外部作用。相邻省份环境规制程度越强，可能导致制造业企业向周边相对低程度环境规制的省份转移污染排放，对邻近省份制造业绿色转型产生负向溢出效应。

最后，从总效应来看，GTIE、LnTP、FDI 的系数为正，且 GTIE 和 LnTP 的系数在 1%的显著性水平下显著，FDI 的系数在 10%的显著性水平下显著。从总体来看，低碳技术创新、人力资本以及外商直接投资对制造业绿色转型具有积极影响，提高低碳技术创新效率、提高人力资本、扩大外商直接投资有利于我国制造业实现绿色转型。PPC、PRS 的系数为负且分别在 1%和 5%的显著性水平下显著，总体而言，产权结构和环境规制对制造业绿色转型具有消极影响，可能是产权结构以及环境规制尚存在设置不合理之处，从而产生了对制造业绿色转型的抑制作用。

第二节　低碳技术与电力结构低碳转型

碳排放实质上是对所有温室气体排放的总称，但在科学研究中，通常特指二氧化碳排放。我国电力产业的碳排放量为所有行业之首，其低碳技术创新与转型行动对于“双碳”目标的实现进度非常关键。

一、“双碳”目标下电力行业碳减排额度

“双碳”目标指的是碳达峰和碳中和。所谓碳达峰，是指某地区或行业的二氧化碳年度排放总量达到其历史峰值，并在此之后逐步下降的过程。在“碳达峰”之后，通过采取一系列措施如森林碳汇、节能减排、碳捕集与封存技术等抵消生产活动造成的二氧化碳排放量，使二氧化碳净排放达到零，便称为实现了碳中和。从碳达峰到碳中和，大多数欧美国家有50～70年的过渡期，而中国做出的国际承诺是2030年碳达峰、2060年碳中和，过渡期只有30年。中国的碳减排目标处于时间紧、任务重的困境中，需要多部门的协调配合和全行业的不懈努力，预计2030－2060年中国的年碳减排平均速率需达到8%～10%，才能实现2060年碳中和的目标①。于电力行业而言，要以电网的安全稳定为前提，进一步加快构建高比例可再生能源电力系统。中国是世界主要排放国之一，“双碳”目标体现了大国担当，但作为发展中国家，实现碳中和目标还面临着诸多巨大挑战。电力行业作为中国的排放大户部门，应该力争比国家整体碳排放率先完成行业内“双碳”目标。2020年，中国电力行业总体碳排放量约为46亿吨，参考权威专家预测数据可知，2025—2060年中国电力行业的碳排放预算空间为690亿～927亿吨②。

二、电力结构低碳转型情景设置

（一）情景设计

针对“双碳”目标下未来中国电力结构部署问题，共设计两个情景：情景一命名为“基准情景”，此情景下电力行业在2030年实现碳达峰，2060年前实现碳中和；情景二命名为“加速情景”，此情景下电力行业碳达峰可于2025年实现，并在2050年前实现碳中和。基准情景是电力行业当前发展趋势和政策的延伸，也是加速情景参照的基准。如表5-8所列，中国未来电力结构低碳转型可以根据“双碳”目标分为两个阶段进行。

基准情景下，2030年风光总装机达12亿千瓦，可再生能源装机占比达50%；加速情

---

① 清华大学气候变化与可持续发展研究院．中国长期低碳发展战略与转型路径研究［M］．北京：中国环境出版集团，2021.

② 张为荣，袁家海．全球2℃温升碳约束下中国煤电搁浅资产研究［J］．气候变化研究进展，2021，17（01）：36—44.

景下，加快可再生能源并网进程，2030年风光总装机达13亿千瓦，可再生能源装机占比在2025年达50%，2030年达55%。

基准情景下，2050年可再生能源装机占比达75%，2060年风光总装机达50亿千瓦，其中，海上风电装机要突破1亿千瓦大关；加速情景下，2050年可再生能源装机占比超过80%，2060年风光总装机达60亿千瓦，其中，海上风电装机要超过1.5亿千瓦。

灵活性电厂方面，基准情景下，2030年纯电动汽车规模达7000万辆，新型储能规模达5000万瓦；加速情景下，纯电动汽车规模达7500万辆，新型储能规模达6000万瓦。基准情景下，2050年需求响应规模达2亿千瓦，2060年纯电动汽车规模达4.5亿辆，需求响应规模达3亿千瓦，新型储能规模达4亿千瓦；加速情景下，2050年需求响应规模达2.5亿千瓦，2060年纯电动汽车规模达5亿辆，需求响应规模达4亿千瓦，新型储能规模达5亿千瓦。

表5-8　两种情景主要边界条件

	2030年	2050年	2060年
基准情景	风光总装机达12亿千瓦，可再生能源装机占比达50%；纯电动汽车规模达7000万辆，新型储能规模达5000万瓦	可再生能源装机占比达75%；需求响应规模达2亿千瓦	风光总装机达50亿千瓦，海上风电装机突破1亿千瓦；纯电动汽车规模达4.5亿辆，需求响应规模达3亿千瓦，新型储能规模达4亿千瓦
加速情景	风光总装机达13亿千瓦，可再生能源装机占比达55%；纯电动汽车规模达7500万辆，新型储能规模达6000万瓦	可再生能源装机占比超过80%；需求响应规模达2.5亿千瓦	风光总装机达60亿千瓦，海上风电装机达1.5亿千瓦；纯电动汽车规模达5亿辆，需求响应规模达4亿千瓦，新型储能规模达5亿千瓦

电力行业碳减排应从两方面入手，一方面要大力发展可再生能源发电，从源头上避免碳排放的产生，另一方面则应通过提前退役或加装CCS技术等手段减少煤气等传统电源技术的存量排放。因此，本部分将低碳技术中的碳捕获与封存技术（CCS）也考虑到了两种情景中。基准情景中，考虑从2040年开始为燃煤和燃气发电加装CCS，2050年开始为生物质发电加装CCS，2050年要实现煤气发电中CCS技术的规模化应用，2060年的煤气装机要全部加装CCS。加速情景中，从2030年开始为燃煤和燃气发电加装CCS，2040年开始为生物质发电加装CCS，2040年完成煤气装机中CCS的大规模部署，2050年后的煤气装机要全部加装CCS，2060年生物质发电中约30%的装机要加装CCS。

本节把碳排放作为主要约束，再结合其他边界条件，通过倒逼机制来研究2025—2060年中国的电力结构低碳转型。

（二）关键参数设置

人口增长是驱动能源消费的重要因素，若利用人均用电水平法预测电力需求，则人口增长情况直接影响全社会用电量。如表5-9所示：中国人口在“十四五”期间会继续增长，年均增速约为0.55%，预计至2030年达到峰值，约为14.6亿人，2050年会降至14.0亿人左右，2050—2060年的人口年均降速会进一步加快，到2060年中国人口约为13.3亿人。

表5-9　2025—2060年中国人口展望

	2025年	2030年	2040年	2050年	2060年
人口数量（亿人）	14.41	14.64	14.45	14.02	13.33
年均增速（%）	0.55	0.40	−0.15	−0.34	−0.56

注：对于人口发展趋势的预测参考了联合国经济和社会事务部人口司①和国务院②的公开资料。

国家能源局披露的数据显示，2020年，中国全社会用电量达7.5万亿千瓦时，同比增长3.1%。两种情景下，2025—2060年全社会用电量预测情况如表5-10所示：基准情景下，“十四五”期间全社会用电量年均增速约为4.2%，到“十四五”末期全社会用电量达9.2万亿千瓦时，2025—2030年全社会用电量年均增速约为3%，2030—2050年全社会用电量年均增速会放缓至约为2%，2050—2060年会进一步降至约0.6%；2020年我国人均用电量为5156千瓦时，2025年预计约为6400千瓦时，2030年约为7300千瓦时，在2050年前可以突破10000千瓦时，2060年则可能突破12000千瓦时。加速情景下，“十四五”期间至2030年的全社会用电量年均增速设置为比基准情景高出1%，2040—2060年的全社会用电量年均增速设置为比基准情景高出0.5%，预计2060年全社会用电量比2020年翻三番左右；2025年人均用电量约为6700千瓦时，2030年可达8000千瓦时，在2040年前可以突破10000千瓦时，2060年预计可超过16000千瓦时。2016年，法国、德国、日本的人均用电量水平已经达到7000多千瓦时，美国在当时的人均用电量水平已达13000千瓦时左右。目前经合组织的人均用电量平均水平为8600千瓦时，因此，从人均用电量这一指标来看，我国与发达国家的差距依然很大③。

表5-10　2025—2060年用电量预测

		2025年	2030年	2040年	2050年	2060年
基准情景	人均用电量（千瓦时）	6405	7316	9066	11412	12753
	全社会用电量（万亿千瓦时）	9.23	10.71	13.1	16	17
	年均增速（%）	4.21	3.02	2.03	2.02	0.61
加速情景	人均用电量（千瓦时）	6718	8053	10450	13766	16166
	全社会用电量（万亿千瓦时）	9.68	11.79	15.1	19.3	21.55
	年均增速（%）	5.21	4.02	2.51	2.48	1.11

① 联合国经济和社会事务部人口司．2019世界人口展望［R］．纽约，2019.

② 国务院．国家人口发展规划（2016—2030）［EB/OL］．http：//www.gov.cn/zhengce/c ontent/2017—01/25/content _ 5163309.htm，2016—12—30/2021—8—5.

③ 全球能源互联网发展合作组织．中国2030年能源电力发展规划研究及2060年展望［R］．北京，2021.

三、综合资源战略规划模型构建

（一）目标函数

基于综合资源战略规划模型，把供给侧和需求侧资源成本同时考虑进目标函数中，目标函数为以全社会总成本最小：

$$\min C=\sum_{t=1}^{T}\sum_{j=1}^{K}\left[\frac{X_{tj}\times Hour_{tj}\times LCOE_{tj}}{(1+i)^{t}}\right]+\sum_{t=1}^{T}\sum_{j=K+1}^{J}\left[\frac{X_{tj}\times CAPEX_{tj}}{(1+i)^{t}}\right] \quad (5-10)$$

$$LCOE=\left[\sum_{m=1}^{M}\frac{(CAPEX_{m}+OPEX_{m}+Tax_{m})}{(1+i)^{m}}\right]/\left[\sum_{m=1}^{M}\frac{X_{ij}\times Hour_{ij}(1-\mu)}{(1+i)^{m}}\right] \quad (5-11)$$

式中，C 为规划期内传统电厂和能效电厂的最低社会总成本，t 是规划期内的第 t 年，T 是规划期的结束年，j 是发电厂类型的序列号，J 是传统电厂和能效电厂的总数，K 是传统电厂的总数。X_{tj} 对于传统电厂来说是第 t 年第 j 个电厂的装机容量，对于能效电厂来说是第 t 年第 j 个电厂的削峰容量，$LCOE_{tj}$ 是第 t 年第 j 个传统电厂的平准化度电成本，$Hour_{tj}$ 是第 t 年第 j 个传统电厂的年利用小时数，$CAPEX_{tj}$ 是第 j 个能效电厂在第 t 年的单位投资成本，i 是折现率。M 代表各传统电厂发电项目生命周期，m 代表项目周期内的第 m 年，$CAPEX_{m}$ 是传统电厂初始投资成本的年值，$OPEX_{m}$ 是传统电厂运营维护成本的年值，Tax_{m} 是传统电厂税务成本的年值，μ 为厂自用电率。

（二）模型约束

在建立的综合资源战略规划模型中，一方面需要考虑全社会电力需求、负荷可靠性等约束条件，另一方面需要设置各发电技术的年装机容量和污染物排放总量上限。此外，还要依据电源结构转型需求对灵活性电厂占比进行约束，以保证规划期内电力系统的调节能力。

1. 电力需求约束

在规划期内，每年各传统电厂的总发电量和各能效电厂的总节电量之和减去电力损耗之和不得小于预测的全社会用电总量。

$$\sum_{j=1}^{K}X_{tj}Hour_{tj}(1-\lambda_{tj})+\sum_{j=K+1}^{J}X_{tj}Hour_{tj}\geqslant A_{t} \quad (5-12)$$

式中，K 为传统电厂的类型数量，λ_{tj} 为第 t 年第 j 个电厂的用电损耗率，A_{t} 为第 t 年的预测全社会用电总量。由于能效电厂位于需求侧，所提供电量为能效电厂的节电量，因此不考虑能效电厂的线损情况。

2. 负荷可靠性约束

电力总装机容量减去“发－输－配”过程中的损耗，应不小于预测的可靠性电力负荷值。

$$\sum_{j=1}^{K}X_{tj}(1-\lambda_{tj})+\sum_{j=K+1}^{J}X_{tj}\geqslant L_{t} \quad (5-13)$$

式中，L_t 表示可使得第 t 年全社会用电平衡稳定的负荷预测值。

3. 传统电厂的年装机容量约束

由于规划期内确定年份内的技术和资源供应有限，且国家会出台一些政策对电源装机容量进行限制，引导电力行业健康发展，因此，模型中对年装机规模设定了上限条件。

$$X_{tj} \leqslant X_{tj}^{\max} \quad j=1, 2, K \tag{5-14}$$

式中，$X_{tj}^{\max}$ 为第 t 年第 j 个传统电厂的最大装机容量值。

4. 能效电厂年装机容量约束

由于节能潜力、资金等限制性因素，短期内不能实现能效电厂的批量化装机，因此，模型对各种类型能效电厂的年装机规模进行了限制。为方便求解，要求每类设备的年装机容量不能超过其电力负荷的一定比例。

$$X_{tj} \leqslant \omega_{tj} G_{tj} \quad j=K+1, K+2, K, J \tag{5-15}$$

式中，ω_{tj} 为第 j 类能效电厂在第 t 年占该类设备总电力负荷的比例系数，G_{tj} 是第 t 年第 j 类设备的电力负荷预测值。

5. 灵活性电厂的年装机规模约束

从电源出力特性角度考虑，可用作调频调峰电厂类型在供给侧主要包括煤电、气电、抽水蓄能等，在需求侧有纯电动汽车和需求响应等。此外，新型储能也可纳入灵活性电厂。这类电厂不仅可以分担常规发电的工作，还可以根据全社会电力负荷曲线特性进行灵活调节，以保证电力系统的稳定和平衡。因此，灵活性发电厂的年总装机容量比例不得低于预期比例。

$$\sum_{j=1}^{N} X_{tj} / \sum_{j=1}^{K} X_{tj} \geqslant \delta_t \quad j=1, 2, K, N, KK \tag{5-16}$$

式中，N 为灵活性电厂的类型，δ_t 为第 t 年灵活性电厂在传统电厂装机容量中的预期比例。

6. 污染物排放约束

在规划期内，火电厂发电机组每年的 CO_2、SO_2 和 NOx 排放总量应分别低于相对应的允许排放上限值。

$$\sum_{j=1}^{K} X_{tj} Hour_{tj} \theta_{tj}^{CO_2} \leqslant Z_{t,\max}^{CO_2} \tag{5-17}$$

$$\sum_{j=1}^{K} X_{tj} Hour_{tj} \theta_{tj}^{SO_2} \leqslant Z_{t,\max}^{SO_2} \tag{5-18}$$

$$\sum_{j=1}^{K} X_{tj} Hour_{tj} \theta_{tj}^{NO_X} \leqslant Z_{t,\max}^{NO_X} \tag{5-19}$$

式中，$\theta_{tj}^{CO_2}$、$\theta_{tj}^{SO_2}$、$\theta_{tj}^{NO_X}$ 分别为第 t 年第 j 类电厂发电机组 CO_2、SO_2 和 NO_x 的排放因子，$Z_{t,\max}^{CO_2}$、$Z_{t,\max}^{SO_2}$、$Z_{t,\max}^{NO_X}$ 分别为第 t 年 CO_2、SO_2 和 NO_x 的允许排放上限值。

四、结果分析

通过综合资源战略规划模型进行求解，可以分别得到基准情景和加速情景下的2025—2060年中国电力结构低碳转型方案。

（一）基准情景结果分析

基准情景下，考虑到电力系统的稳定运行要求及搁浅成本问题，煤电装机在“十四五”期间还会略有增长，将在2025年达到峰值，并不再安排新的核准项目，于2030年后开始加速退出，到2060年预计只剩3290万千瓦。另外，煤电预计在2040年有30%的装机需要加装CCS，2050年有50%的装机需要加装CCS，到2060年剩余的煤电装机需要全部加装CCS。常规水电和抽水蓄能的经济性优势较大，且技术较为成熟，在2025－2060年的装机会稳步增长，常规水电装机规模到2060年会超过5亿千瓦，抽水蓄能装机规模在2040年可达1亿千瓦。核电具有较好的稳定性，且发电成本也较低，是非常优良的基荷电源选择，2030年可达1亿装机，2050年可达2亿装机，到2060年可达2.5亿装机。气电虽然也会造成不可避免的污染，但要比煤电的污染程度小一些，发电成本受碳价影响也比煤电要小，因此在规划期内装机规模会逐渐增长，在2060年前会突破5亿装机。受环保政策影响，气电在2040年有20%的装机需要加装CCS，2050年有50%的装机需要加装CCS，到2060年气电装机需要全部加装CCS。风光发电是未来中国电力系统的主力军，海上风资源潜力巨大，发展速度会比陆上风电更快一些。从政策导向来看，光热发电的发展会受大力扶持，技术进步空间较大，2040年后装机规模会大幅增长。2030年前，我国生物质发电技术依然不会有太大的发展成果，但由于其在加装CCS技术后可提供负碳排放，因此在2040年后装机规模增长速度也会提高，且预计在2050年有10%的生物质能源改造为生物能源与碳捕获和储存技术（BECCS），2060年BECCS的规模在生物质能发电中可达20%。

需求侧电源中，主要是纯电动汽车和需求响应规模会对电力系统的影响较大。纯电动汽车的发展速度会非常快，在2025年、2030年、2040年、2050年、2060年的保有量可分别达1600万、7000万、18000万、38000万、47500万辆；需求响应的重要性也会逐步增强，在2050年会超过2亿千瓦规模，2060年超过3亿千瓦规模。新型储能作为未来电力系统中重要的灵活性电源角色，在2030年后的发展也会加快，2040年约为1.3亿千瓦规模。2050年和2060年的规模将分别达到2亿千瓦和4亿千瓦。灵活性电厂的装机占比只有随着可再生能源接入电网的比例增高而增高，才足以保证电力系统的安全性，2030年灵活性电厂占比约为34.7%，2060年则会达60%。见表5-11。

表 5-11　基准情景电力结构低碳转型方案

单位：万千瓦

		2025 年	2030 年	2040 年	2050 年	2060 年
供给侧电源	常规水电	37600	38900	42200	45700	51800
	抽水蓄能	8320	9100	10000	11500	11800
	煤电	120700	119000	91400	46932	3290
	气电	25041	41997	44300	47100	55550
	核电	7000	10000	13300	20000	25000
	陆上风电	38452	43179	96600	161200	189362
	海上风电	1108	2561	6000	7528	12948
	太阳能光伏	54838	81800	124300	236000	318600
	太阳能光热	1062	2400	5700	12900	23600
	生物质能	4670	4830	7240	13610	18000
需求侧电源	纯电动汽车（万辆）	1600	7000	18000	38000	47500
	节能灯	9800	11000	15000	17000	20000
	节能电机	900	1200	2200	3000	4000
	节能变压器	6200	11000	14900	18000	22000
	变频调速器	6450	10900	14800	18000	22000
	冰蓄冷	300	480	8000	10000	12800
	高效家电	1000	1800	5500	6300	7600
	需求侧响应	6300	13442	17500	21000	32000
	新型储能	2800	5500	13298	20000	40000
	灵活性电厂装机占比（%）	21.4	34.7	47.0	56.6	60.0

2030 年，传统电源的发电量占到 70%以上，煤电依然会承担电力系统中的主要发电任务，发电量占比在供给侧电源中排名第一，其次为常规水电和气电，紧随其后的是太阳能光伏发电。2060 年，太阳能光伏发电量占比将会在供给侧电源中占据第一名的位置，其次为陆上风电，这两种方式的发电量占比之和会超过 50%。可再生能源发电量占比从 2025 年到 2060 年会持续增长，在 2040 年突破 50%，2060 年逼近 80%。见表 5-12。

表 5-12　基准情景方案发电量

单位：亿千瓦时

	2025 年	2030 年	2040 年	2050 年	2060 年
常规水电	14252	14745	15996	17323	19635
抽水蓄能	897	981	1078	1240	1272

续表

	2025 年	2030 年	2040 年	2050 年	2060 年
煤电	51563	49694	34220	15769	948
气电	6871	11936	12590	13386	15787
核电	5488	7840	10167	14896	18375
陆上风电	7913	8886	20827	34755	42682
海上风电	282	653	1588	1992	3489
太阳能光伏	7058	10528	15997	32710	45735
太阳能光热	255	691	1915	4334	7930
生物质能	2358	2439	3620	6804	8999
需求侧节电量	7957	13968	23062	32502	38370
合计	104895.2	122360.1	141059.6	175709.6	203222.3
可再生能源发电量占比（%）	34.1	35.9	51.7	69.2	78.7

（二）加速情景结果分析

加速情景下，煤电装机也会在 2025 年达到峰值，但峰值装机要低于基准情景，在“十四五”之后开始逐渐减少煤电装机，2030 年后加快煤电退出速度，到 2060 年仅剩 2300 万千瓦装机。由于加速情景下的减碳目标更为严苛，CCS 技术的规模化部署要提前进行，2030 年 30%的煤电装机要加装 CCS 技术，到 2040 年要对 50%的煤电装机加装 CCS 技术，2050 年及之后要实现煤电装机 100%加装 CCS 技术。加速情景下，可再生能源电力技术发展会更加迅速，但可再生能源电力技术发展的前提依然是电力系统的安全稳定运行，常规水电、抽水蓄能和核电都是重要的基荷电源，因此，在加速情景的电力结构低碳转型方案中这三种电源技术要有更大的装机规模。气电由于其具有一定的污染性则会占据更少的装机比例，且 CCS 技术改造也要提前进行，2030 年对 20%的气电装机加装 CCS 技术，2040 年对 50%的气电装机加装 CCS 技术，2050 年及之后同煤电一致，实现 100%加装。风光装机也会有更大的突破，陆上风电装机规模在 2040 年前超过 11 亿千瓦，2050 年超过 20 亿千瓦，2060 年超过 23 亿千瓦；海上风电装机规模在 2050 年前便可超过 1 亿千瓦，2060 年达 1.63 亿千瓦；太阳能光伏装机规模在 2030 年可超过 8 亿千瓦，2060 年达 34.86 亿千瓦；太阳能光热装机在 2060 年可达 2.6 亿千瓦。生物质能装机在 2040 年逼近 1 亿千瓦，并有 10%改造为 BECCS，在 2050 年超过 1.6 亿千瓦，并有 20%改造为 BECCS，2060 年超过 2 亿千瓦，其中 BECCS 的比例达到 30%。

纯电动汽车、需求响应以及新型储能都将是未来主要的灵活性资源，可用来稳定电力系统的周波和电压。加速情景下，纯电动汽车保有量的增长速度会更快一些，在 2025 年、2030 年、2040 年、2050 年、2060 年的保有量可分别达 1700 万、7500 万、19000 万、40000 万、50000 万辆。需求响应规模在 2040 年便可达 2 亿千瓦，在 2060 年达 4 亿千瓦。新型储能目前的成本依然处于较高水平，但在 2040 年后有望下降到可规模化应用的成本水平，因此 2040 年后其规模会快速扩张，在 2050 年达 2.6 亿千瓦，2060 年达 5 亿千瓦。此外，由于可再生能源装机的增速更快，要求灵活性电厂装机的占比也要更高，在 2030 年达 37.7%，2040 年要超过 50%，2060 年达 62.1%。见表 5-13。

表 5-13　加速情景电力结构低碳转型方案

单位：万千瓦

		2025 年	2030 年	2040 年	2050 年	2060 年
供给侧电源	常规水电	38400	39700	44100	48500	53800
	抽水蓄能	8600	9200	12000	15500	19800
	煤电	120300	115090	80395	43500	2300
	气电	27294	29400	38170	45326	52779
	核电	7100	10000	14100	22000	27500
	陆上风电	41878	48368	117020	208200	238000
	海上风电	1310	3290	7010	11000	16300
	太阳能光伏	59800	84720	175030	277200	348600
	太阳能光热	1072	2510	6950	16320	26520
	生物质能	4860	5210	9580	16526	21200
需求侧电源	纯电动汽车（万辆）	1700	7500	19000	40000	50000
	节能灯	11000	13000	18000	20000	23000
	节能电机	1000	1400	2500	3500	5000
	节能变压器	6400	11890	15300	19000	23000
	变频调速器	6500	11700	15300	19300	24000
	冰蓄冷	300	480	8000	11780	15000
	高效家电	1200	2130	6120	7359	9300
	需求侧响应	7000	15000	20000	25000	40000
	新型储能	3000	6000	8484	26000	50000
	灵活性电厂装机占比（%）	22.1	37.7	50.5	58.4	62.1

加速情景下，电力行业碳排放提前达到峰值，在 2030 年虽然煤电发电量依然稳居第一，但可再生能源发电量也开始后来居上，太阳能光伏和陆上风电的发电量分别排名第三和第四位。2060 年，陆上风电发电量占据了最大比重，其次为太阳能光伏发电，常规水电、核电和气电等传统电源紧随其后。可再生能源发电量占比在 2030 年便趋近 40%，2040 年达 59.1%，2060 年电力系统中超过 80%的发电量将由可再生能源提供。见表 5-14。

表 5-14 加速情景方案发电量

单位：亿千瓦时

	2025 年	2030 年	2040 年	2050 年	2060 年
常规水电	14556	15048	16716	18384	20393
抽水蓄能	927	992	1294	1671	2134
煤电	51392	48061	30100	14616	662
气电	7490	8355	10848	12882	15000
核电	5566	7840	10778	16386	18865
陆上风电	8618	9954	25230	44888	52479
海上风电	334	838	1855	2911	4393
太阳能光伏	7696	10903	22526	38420	46590
太阳能光热	257	723	2335	5484	8911
生物质能	2454	2631	4790	8262	10494
需求侧节电量	8485	15405	24747	35259	41785
合计	107775	120752	151218	199161	221706
可再生能源发电量占比（%）	35.1	39.0	59.1	73.2	80.8

（三）情景结果对比分析

1. 成本对比

基准情景下，从 2040 年开始规模化使用 CCS 技术，因此从 2040 年起计算 CCS 改造成本。同理，加速情景从 2030 年起计算 CCS 改造成本。由于加装规模更大，规模化加装时间更早，总体来看，加速情景比基准情景要投入更多的 CCS 改造成本。两种情景下的气电装机一直保持增长的趋势，煤电装机却一直减少，因此对于煤电而言，CCS 改造比例虽然一直在增大，但新增的 CCS 改造成本却一直在降低，这一原因也导致两种情景下的 CCS 改造成本基本呈现下降趋势。加速情景要求 2050 年前实现碳中和，因此要求在 2050 年对煤电和气电完成 100％的 CCS 改造，CCS 改造成本也在这一年略有上升。新增电源成本包括电源技术度电成本、碳排放成本以及 CCS 改造成本。在 2050 年前的每个阶段，加速情景的新增电源成本都要大于基准情景，因为加速情景要求电力行业更早实现“双碳”目标，电源总装机规模更大，投入的技术成本更高，将带来更高的新增电源总成本。基准情景中 2050 年到 2060 年气电 CCS 改造比例由 50％增加到 100％，而加速情景中煤电和气电在 2050 年均已实现 100％的 CCS 改造，且 2060 年加速情景的可再生能源装机占比要高于基准情景，因此 2060 年加速情景的新增电源成本略低于基准情景。见表 5-15。

表 5-15　两种情景成本对比

单位：万亿元

		2030 年	2040 年	2050 年	2060 年
基准情景	CCS 改造成本	0.00	0.84	0.27	0.42
	新增电源成本	6.63	7.36	10.52	7.96
加速情景	CCS 改造成本	1.27	0.45	0.54	0.14
	新增电源成本	7.02	10.56	12.79	7.46

2. 煤电搁浅规模对比

按照煤电在建、在役、服役期限的正常推演可计算得出两种情景下的煤电搁浅规模，如图 5-5 所示。加速情景的减排要求更为严苛，因此在规划期内的每个阶段加速情景的煤电搁浅规模都要大于基准情景。加速情景的煤电搁浅规模峰值出现在 2040 年，可达到 1.96 亿千瓦，这也是由于加速情景要在 2050 年前实现碳中和，从 2030 年后煤电退出速度需要远远高于基准情景。2060 年基准情景和加速情景的煤电装机规模都保留不多，相差也不大，因此搁浅规模也比较相近。整体来看，基准情景的煤电搁浅规模变化趋势要比加速情景平稳一些，基准情景的煤电搁浅规模在 2060 年达到峰值，有 1.67 亿千瓦。

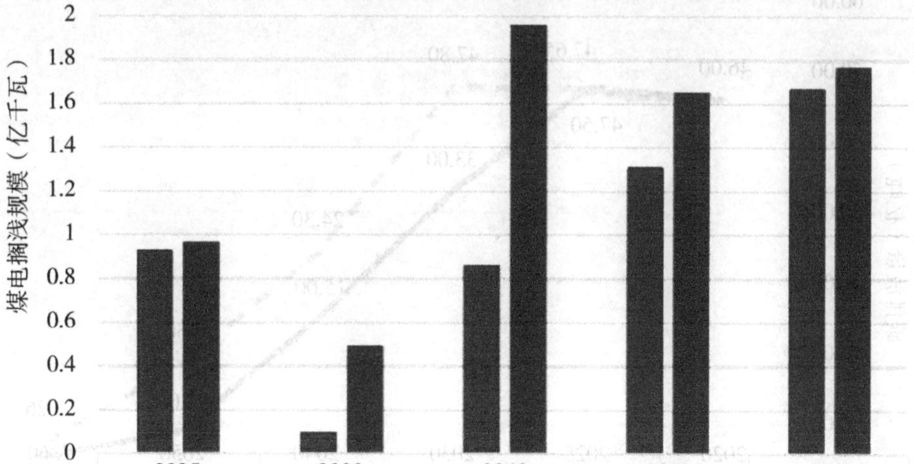

	2025	2030	2040	2050	2060
■基准情景	0.93	0.1	0.86	1.31	1.67
■加速情景	0.97	0.49	1.96	1.65	1.77

■基准情景　■加速情景

图 5-5　两种情景下的煤电搁浅规模对比

3. 风光总装机和可再生能源装机占比对比

在“十四五”和“十五五”期间，基准情景和加速情景下风光总装机规模的发展速度和可再生能源装机占比差距不大。加速情景要求比基准情景提前十年左右实现电力行业碳中和，因此，在 2030 年后，两种情景下的可再生能源装机占比会逐渐拉大差距，其中主力成员风光发电的装机规模增长速度对比是这种差距最好的体现。2040—2060 年，基准情景和加速情景下的风光装机规模差值都会达到 10 亿千瓦左右，2025—2060 年可再生能源装机占比差异趋势则是先拉大后缩小，到 2060 年相差 1.6%，都逼近 90%。见表 5-16。

表 5-16　两种情景主要装机情况对比

单位：亿千瓦

		2025 年	2030 年	2040 年	2050 年	2060 年
基准情景	风光总装机	9.5	13.0	23.3	41.8	54.5
	可再生能源装机占比（%）	48.9	51.7	66.2	81.1	88.2
加速情景	风光总装机	10.4	13.9	30.6	51.3	62.9
	可再生能源装机占比（%）	50.2	55.5	73.7	84.3	89.8

4. 碳排放量对比

两种情景下的碳排放轨迹如图 5-6 所示。基准情景下，电力行业碳排放在“十四五”期间增速放缓，并在 2030 年达到峰值，从 2030 年后开始加速下降，在 2059 年左右实现碳中和，2060 年实现负排放。加速情景下，电力行业采取更严格的碳排放控制措施，在 2025 年达到碳排放峰值，且峰值要低于基准情景，2025—2050 年电力行业碳排放量急剧下降，在 2050 年前实现碳中和，在 2060 年实现比基准情景更多的负排放。

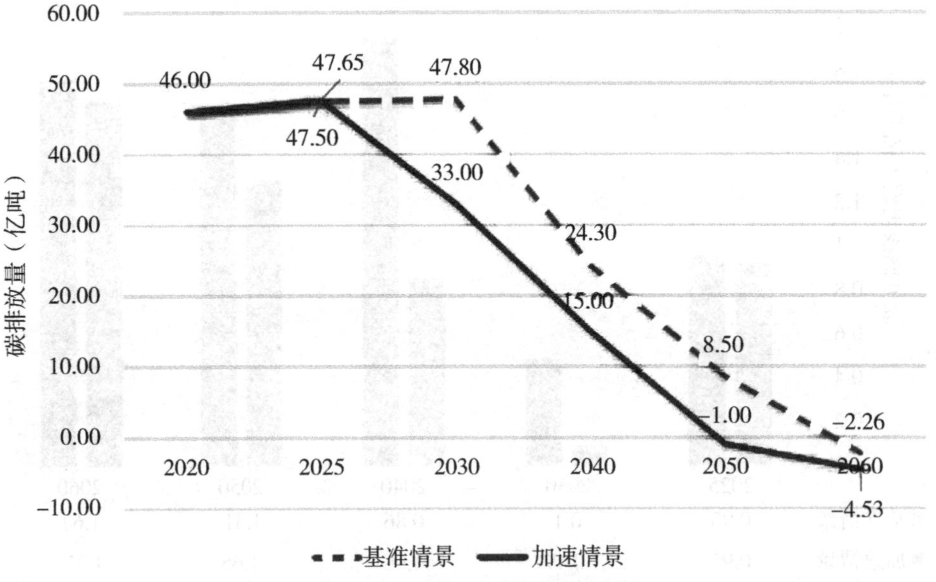

图 5-6　两种情景下的碳排放轨迹

第六章 低碳技术创新与发展对策

第一节 制造业与工程建设低碳技术发展对策

一、重视制造业绿色转型

（一）大力提高低碳技术创新效率，充分发挥驱动作用

低碳技术创新对制造业绿色转型有促进作用，而效率测算结果显示，尽管我国低碳技术创新效率呈增长趋势，但是与生产前沿仍有一定差距。低碳技术研发是我国制造业实现低碳转型的关键环节。提高低碳技术研发能力能够为技术创新成果转化提供基础，并为制造业绿色转型提供低碳技术支撑，因此需要提升低碳技术创新效率，充分发挥对制造业绿色转型的驱动作用，具体做法包括：第一，要加大低碳技术研发投入。通过税收优惠、财政补贴等方式增加技术研发资金的投入，优化基础应用和试验发展的研发资金配置比例，巩固技术研发阶段核心竞争基础。第二，要重视低碳技术人才的培养与引进。需要完善低碳技术人才的培养环境，对科研人员的劳动报酬和科研经费等人才培养支出予以足够重视，加强企业与科研院所、高等院校的合作，实现高层次创新型科技人力资本积累，为低碳技术创新提供技术人才支撑。

（二）重视制造业绿色转型效率空间异质性特征，缩小制造业绿色转型发展差距

由效率测算结果可知，东部地区制造业绿色转型效率较高，而西部、东北部一些经济条件落后地区的效率值较低，从而影响全国效率均值，因此，要根据不同地区特点制定相关政策，缩小发展差距。东部地区要充分发挥现有的资金优势和人才优势，加快建设制造业绿色发展体系，起到模范带头作用；中部地区要主动承接制造业转移工作，加快产业转移示范区和产业转移集聚区的建设，在坚持节约、集约用地的基础上，适度提高承接制造业转移工程的建设用地规划指标；西部地区要着力基础设施改进和生态环境保护；东北部地区要淘汰劣势落后产能，释放制造业市场活力，提高制造业创新能力。

（三）充分发挥溢出效应，全国地区协同提高制造业绿色转型效率

低碳技术创新对制造业绿色转型存在空间溢出效应，因此空间因素不容忽视，各区域需要加强合作交流，共同实现制造业绿色转型。搭建低碳技术合作共享平台，打造低碳技术创新资源集聚区，推动低碳技术创新资源要素流动，建设低碳技术创新协同发展的示范

区，充分发挥低碳技术创新的空间溢出效应，带动邻近地区制造业实现绿色转型。另外还可以通过贸易投资、合作办厂、员工派遣等措施向邻近地区输送资金、人才和技术，邻近地区则通过人才引进、招商引资等措施学习知识和技术，实现技术创新升级，从而增强低碳技术创新的空间辐射作用，实现区域协同发展，促进我国制造业绿色转型。

二、推动低碳技术改造项目的建设

（一）低碳技术改造项目体系构建原则

1. 标本兼治的原则

成本管理的措施不能够仅仅解决某一个项目的问题，而是要长远地解决一类项目的成本管理问题，既要采取某些措施治标，又要提高全员的成本意识，实现治本。

2. 全过程管理的原则

成本管理的全过程，包括策划、设计、施工、运行的全部过程都要纳入成本管理体系中。企业需要精益生产，对原有的单一、片段式的成本管理体系进行再造，达成全过程的成本管理。

3. 全员控制的原则

精益生产强调以员工为中心的团队合作，所以成本管理不仅仅是公司高层领导和财务的事情，所有环节的所有人员都有成本控制任务，所有人都要参与成本控制。

（二）低碳技术改造项目体系的基础

1. 增强成本控制意识

开展成本管理培训、轮训工作分两个层面开展：一是企业管理层，通过专家讲座、专题授课、案例分析等形式，帮助企业管理层正确认识并重视成本管理工作。二是通过开设成本管理培训班对企业职工进行轮训，通过成本控制目标分解，落实成本控制任务，切实提高全体员工参与成本控制的积极性。

2. 制定规划

制造业企业要进一步制定企业发展规划和成本控制规划，结合国家“双碳”目标，为企业未来发展寻找一条合适的发展轨迹，制定合适的目标。

3. 建设健全制度

企业要加大制度建设，梳理现有制度。对现有成本管理规定中不足的，加紧制定完善，对现有管理制度中存在冲突的，加急修改。

4. 成立组织

成立组织即对每个立项项目成立专门的管理团队。

（三）低碳技术改造项目具体对策

1. 决策阶段

(1) 建立项目成本管理团队。根据要求，在项目决策阶段首先要树立全员参与的成本管理理念，并确保项目成员从根本上改变原有的成本管理认知。为此，每一个立项项目要成立全寿命周期成本管理团队，团队要设置专门的预算及人力配备。团队的建立主要负责对整个过程的成本进行策划和管理控制，制定总体成本控制目标并把控项目全过程。在项目规划阶段，团队开始收集各种技术方案，根据每个方案进行成本设计，并邀请相关专家对项目的发展提出意见和建议。

(2) 明确工作范围，确定技术路线，提前进行技术风险管控。在项目正式实施之前需要对项目的工作范围、技术路线、风险管理措施进行详细规划，落实项目成本目标，这样在项目实施过程中就可以尽早发现问题，以便最大限度地消除浪费，实现精益生产。低碳技术项目管理团队一项重要工作就是确定改造目标，根据改造目标划定项目范围，确定技术路线。

以火电厂为例，低碳改造项目是一个复杂的、成本较高的系统工程，按照技术要求，通常将低碳分为脱硫、脱硝、除尘三大系统。在技术选择上，可以确立以下原则：①低氮燃烧是国内外控制燃煤锅炉 NO_x 排放的首选技术。转换计划应尽量减少氮氧化物的产生和排放，前提是根据现有锅炉和燃烧器的条件确保机组的效率和稳定生产。根据 NO_x 的生成机理和低氮高效燃烧的原则，建议优先采用三级燃烧和低氮燃烧技术。②除尘系统改造方案设计主要选取电袋复合除尘改造和高效电源提效改造。为了切实有效地提高脱硫吸收塔的脱硫效率，可以采用以下措施：对原有吸收塔进行改造、增设新塔方案、单塔双循环方案。提高脱氮效率、增加湿式除尘器和脱硫能力是国内外电站锅炉广泛采用的成熟技术，其自身转化的风险相对较低，成本管理具有较大的可控性。

在技术风险管控上，提前识别风险点传送设计单位，在设计环节提前把控。①脱硝改造风险：烟气脱硝存在加剧空预器冷端的腐蚀和堵塞的风险。②低温转换风险：换热器换热面积大，烟气温度降低到酸露点以下，运行时存在腐蚀和堵塞的危险，导致运行阻力增大。③脱硫系统具有非均匀流场，可导致脱硫效果减弱，而非粉尘效率高。脱硫系统出口雾滴含量存在超设计值的风险。通过明确工作范围，确定技术路线，提前进行设计风险把控，能够有效提高项目的设计效率。

(3) 争取外部资金和政策支持。煤电低碳改造项目成本高，投资大，投资回收期长，因此，低碳能源转型项目的融资能力已成为该项目转型的关键，如果此项能力较弱，则会延误工期，消耗更多人力物力，甚至会因为低碳转型尚未完成而影响碳能源项目的整体生产经营，增加项目成本。在决策阶段要有管理团队直接负责进行项目融资方案设计，结合技术路线确定和设计选型工作，将此项工作提前进行，则能够大幅缩短项目的决策立项周期与建设周期，节约成本。政府政策对企业的支持程度，例如某些环境保护的电价补贴政策，对低碳能源转型项目的实力和收益有很大影响，也会影响项目运营后的收益和成本。

2. 设计阶段

项目设计工作对于项目的成本有着举足轻重的影响。在项目设计阶段，精益生产理论虽不能直接用于项目设计工作，但作为系统理论对于项目设计工作也有着重要的指导意义。精益生产要求以最小的浪费实现最大的利润，这就要求设计工作不仅要确保项目质量及工期要求，同时还需满足成本要求，设计工作需结合项目的后续工作，基于全生命周期的视角展开。具体来说，制造企业在设计阶段成本管理的对策有以下几个方面。

（1）提高施工标准。优化设计、建设规范和标准是评价低碳能源转化项目可行性研究的重要标准，是在监测工作中监督项目成本是否合理的基本条件，也是影响低碳能源转型项目设计阶段成本控制的重要原因。在设计阶段对建设标准进一步细化，明确规模、建筑标准、设备标准、技术参数等，确定完成的设计标准方案需要经过专家论证，论证中包括成本分析，论证通过后才能正式进入设计阶段。

（2）确保成果质量、工程设计的质量对成本控制有着重要影响。设计的合理性，不仅会影响工程的工期和质量，还会对成本产生很大影响。相同的参数要求和不同的设备或系统设计带来的成本结果差异很大。例如对于壳体的设计，应采用单独的装配设计还是整体设计，与最终成本相差很大。分离式设计可以显著减少运输空间，减少现场吊装对大型设备的需求，并显著降低成本。

（3）倒排工作进度。工程设计周期对项目时间表和成本也有重大影响。设计是项目实施之初的首要项目，在设备采购、施工、安装等施工阶段起着至关重要的作用。

3. 实施阶段

在实施阶段需要通过招投标来确定项目施工单位、材料设备供应单位等项目参与方。多单位参与使实施阶段的成本管理也变得更加复杂，加之内外部客观环境的变化影响，这就需要在对项目的实施过程中通过严格的界面管理、设备管理、采购管理、施工管理进行把控，实现实施阶段成本的精益管理。

（1）投标和投资阶段的成本核算和合同范围划分是整个项目实施阶段成本控制的领导者。改造项目通常针对一些现有的热力设施，而其他新电厂项目则提供全套全新设备。在投标中很容易出现界面不清、范围不清、定义不清的情况，或者对改造内容的一些关键细节不明确，这将在未来的项目实施过程中引发争议，影响项目进度和成本控制。

（2）优选国产设备。技术进步对成本有重大影响，尤其是对一些无法在中国制造的设施。设备国产化后，设备成本将显著降低。当改造技术和设备从进口生产订单变更为内部生产订单时，整个项目的材料交付成本将显著降低。以低碳煤能源改造项目机组为例，叶片、齿轮箱、发电机、煤电变电行业的转炉和金属结构已经本地化，成本显著降低；但是目前由于国内暂时没有生产部分系统和设备的能力，煤电低碳改造项目机组的控制系统和高精度的轴承依然依靠国外进口。公司的原则是在同等质量与能力的情况下，优选国产设备，并制定了供应商库，进行供应商管理。

煤炭转化项目的建设周期通常较短，市场价格波动通常不会太大。因此，市场价格的变化是煤炭装置低碳转型的风险因素。然而，设备成本通常占煤炭装置低碳改造总投资的最大份额，材料设备已经纳入供应商管理，在供应商中要优选供应商，同时保证某一材料、设备或配件有2～3家供应商入库，保障供应链的安全。

工程施工管理比较传统，由承包企业组织专业工程人员进行施工，做好预算并进行预算控制，按照成本管理预测、核算、偏差分析的思路进行管理即可。

项目进行里程碑节点控制，项目工期按照合同管理，不轻易压缩工期，同时工期拖延会有惩罚措施。

设备采购及安装计划在设计阶段就介入，由管理团队负责制订并监督执行。

4. 生产阶段

生产阶段是低碳技术改造项目精益成本控制的落脚点，而良好的成本管理制度可以达到事半功倍的效果。完善的成本管理制度可以使精益生产的全过程和全员参与要求顺利贯彻，减少成本改革的阻力。生产阶段的管理对策主要包括以下两点。

(1) 完善企业成本管理制度。企业现有成本管理水平、制度、流程直接关系着低碳改造项目的实施。假如没有一套成熟的成本管理系统，燃料供应、运输和储存的成本管理就无法及时、准确地进行，缺乏对上下游企业和成本管理阶段之间关系的探索，因此，成本管理局限于公司内部，缺乏一定的战略思维管理。比如，忽视生产前后各阶段成本计划之间的联系和互动，日常成本控制薄弱，大多数都是事后控制成本，没有明确相关责任，缺乏对成本管理方法之间联系的探索，且没有形成系统的成本管理方法体系。员工对参与成本管理知之甚少，只将成本管理视为高级管理人员和财务人员的专利。

(2) 匹配相应的区域资源条件。以电力企业为例，在燃煤机组的运行中，燃料成本支出占大多数。由于燃煤发电厂所在地区不同，煤炭的价格构成不仅包括煤炭本身的价格，还包括煤炭运输成本。当煤炭运输成本较高时，会增加燃料成本和煤炭装置的运行成本。因此，一般情况下，煤炭机组将在低高峰负荷期或淡季进行大的检修和维护，以减少企业利润损失，并合理利用中央控制台上的运维数据对监控系统进行处理，项目运维人员将根据相关项目的运营情况进行维护审查。

三、完善低碳技术突破性创新机制

（一）低碳技术突破性创新动力机制的对策

1. 加强推动因素

推动创新机制运行时，会有正向推动因素激励制造业进行低碳技术突破性创新，所以，加强正向推动的鼓励措施，有助于通过诱发企业内部的动力源来最大限度地刺激低碳技术突破性创新的制造企业内部创新动力，从而促进创新能力的上升。

提升创新动力，加强完善相应技术取得突破性创新的激励举措，可以从以下三个方面进行：第一，通过相关低碳技术法律法规和优惠政策及建立碳基金支持低碳金融的发展，为低碳技术突破性创新提供规避风险的保障，通过建立统一温室气体排放统计管理系统和碳排放信息发布预警系统使制造企业和科研院所在研发阶段明确国家对于碳排放的底线限制，促使低碳技术沿着这个目标开展突破性创新，加大低碳技术和突破性创新方面的知识、技能、效益的宣传，营造一种有利于创新的政治环境。第二，运用政策加大对低碳技术突破性创新产品的市场引导，营造一种有利于创新的市场需求环境和社会环境，并充分利用低碳市场的竞争来驱动低碳技术取得突破性创新，但是仍要确保低碳市场的灵活性，坚持以市场为主导。第三，加强制造产业创新文化建设，加强制造行业的创新观念，进而提高企业家创新精神，增强企业员工创新观念，通过创新的竞争机制和合作机制培育具有创新精神的制造业企业家和人才，从而转变观念、解放思想，实现制造产业优化升级的战略目标。

2. 降低阻力因素

由于突破性创新活动和技术创新活动的不确定性和风险性及产业优化升级的复杂性，进行突破性创新时会遇到阻力因素，这些阻力因素会在一定程度上阻碍低碳技术取得突破性创新。因此，降低阻力因素对于制造业产业升级的低碳技术突破性创新活动的顺利开展有着重要影响。

制造产业优化升级背景下进行低碳技术突破性创新时遇到的阻力因素主要来自突破性创新的高风险以及产业内部阻力因素，因此，明确这些阻力因素后，需要从两个方面采取措施降低阻力因素。一方面，运用 PEST 分析法和 SWOT 分析法熟知突破性创新的高风险因素，在进行研发时充分利用优势条件规避风险，宏观把握技术创新的方向，明确其重点是在“无碳”、“减碳”或“去碳”技术上做出突破性创新还是两种抑或是三种技术的混合方面取得突破性创新。另一方面，构建制造企业、科研人员和低碳技术人员交互式学习平台，针对低碳技术突破性创新学习效果进行磋商探讨，产生更多的突破性创新灵感和创意，使创新更加符合实际生产和需求情况。还可以通过设置二元组织结构、锁定目标客户等措施促使制造企业的主流组织通过渐进性创新追求稳定发展，并成立独立的探索性和突破性的研发团队进行创新。这些措施可以有针对性地降低低碳技术进行突破性创新的高风险，缓和产业内部的阻力因素。

（二）低碳技术突破性创新主体选择机制的对策

从长远角度看，主体选择机制作用的发挥更有助于创新机制良好持续地运行，因此，可以从技术选择机制的构成角度出发，从技术选择主体和技术选择状况两个方面推动低碳技术突破性创新主体选择机制的运行。

1. 刺激技术选择主体

政府部门要加大对实行相关突破性创新的制造企业的支持力度，对创新主体的生存环境给予优惠和照顾，优化制造企业低碳市场运作下的融资体系，使融资更加简便，并建立风险基金，衍生其他低碳突破性创新融资产品，使资金来源多样化，降低融资风险，同时，对进行相关突破性创新项目的企业在税收上给予减免或是优惠支持。针对制造企业，应该完善低碳技术和技术创新等方面的知识产权和专利的法律法规，加大相关创新成果的保护力度，推进科研机构和制造企业的合作交流，保障技术创新的有效权益。针对社会大众成员，应该加强对产业升级和低碳技术创新的知识、效益等方面的宣传，增强全民低碳理念，提升低碳技术取得突破性进展的创新活动的主动性，形成政府加强引导、媒体广泛参与、企业积极行动、公众广泛参与的格局。

2. 加大低碳技术突破性创新投入力度

技术主体选择状况在一定程度上代表着技术创新主体对相关创新活动的资源投入情况和支持力度，因此，增强低碳技术突破性创新的投入力度，有助于改善技术主体选择状况。

低碳技术突破性创新投入是指制造行业相关创新资源的投入，主要包括低碳技术创新项目的科研经费、创新人才和技术改造经费等。因此，为确保其相关创新研发费用的资金充足，应鼓励并打造多渠道融资和筹集创新研发基金，打造低碳市场的金融支持体系，全力开展国际低碳金融市场合作，形成多方位投资平台。同时也要合理利用创新项目研发经费，避免浪费和贪污等情况，政府方面要加强监管，并且针对制造企业和社会大众制定和采取与低碳技术突破性创新相配套的财政补贴、环保补贴、信贷优惠等相关政策，引导制造企业和社会大众积极开展相关方面的突破性创新。

（三）低碳技术突破性创新扩散机制的对策

1. 扩散要素的积极参与

扩散机制运行的好坏，在很大程度上取决于扩散要素的参与程度和积极性，因此，应该加强扩散要素参与的积极性。首先，创新提供者应该做好相关创新成果的推广。创新提供者需要做好低碳技术突破性创新成果在扩散传播过程中的推广、传播和服务的工作，将其优化性能和能够带来的效益等信息传达给采纳者，并且后续扩散过程中还需要提供低碳技术突破性创新的后续调试和改进服务。其次，采纳者应该加强对创新成果的评估。采用低碳技术突破性创新成果的企业和个人，需要对低碳市场环境以及政府对环境的要求等方面的规定有客观明确的认识，分析其创新成果的先进性程度和发展前景，并且要注意收集有关创新成果的信息资料。最后，充分发挥扩散渠道的媒介作用，它们是具有专业性的信息供给，能够使更多的潜在采纳者成为相关创新成果的实际采纳者，并能够将专业化的需求信息反馈给提供者，缩短双方沟通时间。

2. 加快扩散速率

加快创新的扩散速率，需要缩短创新提供者与相关的采纳者之间沟通交流的时间，并且确保低碳的需求信息与低碳技术突破性创新行为相符。政府通过低碳补贴、低碳税收优惠等方式，可以更好地推动低碳技术突破性创新的扩散，并能在实行相关突破性创新的制造企业之间构建相关创新资源与需求信息的共享平台，充分利用新闻媒体等扩散传播渠道，加快实现低碳技术突破性创新在全社会范围内的扩散。

（四）低碳技术突破性创新倒逼机制的对策

倒逼机制的效果最显著，同时因为制造业产业升级的低碳技术突破性创新机制主要处于被动发展阶段，所以，加强其倒逼机制的运行显得尤为重要。从倒逼机制构成要素的角度出发，增强低碳技术突破性创新倒逼机制的运行效果，可以从倒逼主体和倒逼手段两个方面进行改善。

1. 刺激倒逼主体

根据倒逼主体的构成，可以将倒逼机制分为政府倒逼、竞争倒逼和用户倒逼，因此，应该采取措施刺激倒逼主体，充分利用好政府倒逼、竞争倒逼和用户倒逼。政府、国际环保组织等倒逼主体可以通过建立统一温室气体排放统计管理系统、碳排放信息发布预警系统和碳排放目标考核与评估制度的方法，使制造企业和科研院所在研发阶段明确国家对于碳排放的底线，并建立一定的奖惩和监督制度，逼迫制造企业和科研院所进行低碳技术突破性创新；还可以调整优化制造产业结构，开发节能技术，发展低碳产业，利用产业升级逼迫制造企业进行相关方面的创新；另外，建议实行碳排放权交易试点和碳税优惠补贴政策，刺激碳市场竞争，并促使消费者关于低碳技术突破性创新的消费理念和消费方式的转变，营造一种有利于突破性创新的市场需求环境和社会环境。

2. 加大倒逼力度

刺激倒逼主体，需要通过利用倒逼手段，加大倒逼力度来实现。国家应该促使国民生产和消费观念的转变，运用低碳创新理念规划经济发展和社会建设，将碳排放的单位GDP作为考察和约束制造企业经济效益的指标，并加大对消费者关于创新方面的知识、技能、效益的宣传，促使社会大众消费者优先采纳由具有突破性创新的低碳技术开发出来的商品或服务，并完善创新成果的知识产权相关法律，为制造业的低碳技术突破性创新的市场推广提供法律保证；另外，加大对其创新成果市场化的监管力度，确保相关技术的突破性创新在市场上有序公平规范地运作。

（五）低碳技术突破性创新保障机制的对策

低碳技术突破性创新保障机制贯穿创新的全过程，根据低碳技术突破性创新保障机制的构成，可以从制度保障和资金保障两个方面进行。

1. 加强制度保障

加强低碳技术突破性创新的制度保障，需要加大创新资金投入、创新基础设施保障、技术创新法律保障、技术创新政策保障和技术信息服务保障，加强完善相关方面的法律法规和制度规定，为低碳技术突破性创新提供制度保障，并加强对相关制度实施效果的监督。同时，制造业需要在结合产业优势、市场需求、资源优势的基础上，重视低碳技术突破性创新的制度发展。

2. 加强资金保障

低碳技术突破性创新活动具有高风险特征，并且具有很强的社会效益，所以政府和制造企业应该加大风险管控力度，加强低碳技术突破性创新的资金保障，实现创新融资渠道的多元化和专业化。可以通过相关技术创新的发展基金、技术转移与应用风险基金等来进行风险投资管理；实行低碳工业园试点工程，规范碳排放权的市场交易，逐步推进其创新；政府、制造企业应该优化市场下的低碳技术突破性创新的投融资体系，并且通过衍生其他相关的突破性创新投融资产品，使投融资渠道多向化、多维化，降低风险。

第二节 基于不同领域的低碳技术发展对策

一、基于外商投资的对策

首先，城市决策者理当进一步支持合理外资的流入，以帮助处于发展初期的低碳技术创新，并最终实现低碳城市的构建。政府不应过多担心外资流入可能带来严重的环境污染，而应积极地利用好外资，思考如何优化外资引进政策，将清洁投资更多地吸引到本区域，以发展自身的低碳技术创新能力。

其次，城市政府部门应在低碳技术创新者多样性的基础上，加快互联型低碳技术创新网络的建设，为内外资企业、科研院所等提供合作交流的机会，以实现 FDI 低碳技术溢出效应的最大化。对于低碳技术创新实力更强的企业和科研院所，应当搭建合适的平台使本土企业有与外资企业接触合作的机会。同时，区域内部也可以加强交流与合作，使低碳技术创新溢出效应能更多地辐射到每一类低碳技术创新者。

最后，政府部门应当加大智慧城市建设的力度，并着重关注 ICT 产业的发展和技术的应用、绿色金融的支持水平与更加智能化高效化的政府公共服务。这对于增强 FDI 对本地低碳技术创新的积极影响具有相当大的益处。构建智慧城市可以促进低碳技术创新资源向更高效的行业流动。因此，着力于建设低碳城市的政府也不应当忽视智慧城市的建设，以充分利用各类可能影响城市低碳技术创新发展的因素。

二、基于碳交易市场的对策

首先，在政策上制定、完善适合企业发展的碳排放份额相关规则。碳市场机制在促进企业低碳技术创新上有显著作用，对制度进行丰富和完善有助于发挥市场对企业技术的调控作用。在碳市场机制下，份额代表政府对企业低碳化的要求，若低碳技术创新使企业碳排放达到了份额水平，企业将会有动力进行更高水平的低碳技术创新，以期在碳交易市场上获利。因此，如何结合地区企业、高碳企业的发展制定适合的碳排放份额是非常关键的问题。价格上，由于份额的发放是政府决定的，在交易过程中买卖双方报价决定了碳排放权的价格，交易的收益损失有较大的模糊性。权属关系上，母子公司的碳排放权是否可以转移给对方相互使用等法律问题也仍需确定。

其次，充分发挥金融相关的配套政策。金融带动资金的流向，企业向低碳化方向转型、进行低碳技术项目的研发、低碳产品的生产经营等离不开金融体系的支持，而政府可以通过干预手段引导金融体系的发展，比如提倡碳金融人才培养计划、调整碳金融体系监管力度等。在银行方面，可以鼓励其丰富绿色低碳信用贷款、抵押贷款以及碳金融碳资产的贷款抵押品种，同时借助资产证券化的方式进行产品的改良、嵌套等；证券方面借助公募、私募基金、信托、证券公司的直投子公司等金融机构投资于企业的低碳项目中。鼓励期货公司完善碳产品相关的期货、期权等衍生品的金融科技创新，丰富碳金融市场上的品种。政府也应鼓励企业进行回报率较高的低碳技术创新项目，以带动金融机构对企业进行投资。

最后，加强理论研究，丰富政府调节的工具箱。尚在研究阶段的碳税是世界各国针对碳中和问题进行的重要课题研究。由于将温室气体排放的社会问题内化为企业管理问题及鼓励企业进行低碳技术的进步等问题都是企业无法通过经营利益最大化原则完成的，因此政府的管理监控在其中起到重要作用。无论是科斯的产权理论，还是庇古税相关理论，都是理论指导实践的有力依据。结合理论研究丰富政府调节企业行为的政策工具，对创新行为有重要意义。

三、基于绿色生产的对策

（一）加大低碳创新投入，完善低碳技术创新体系

政府应当加大对低碳技术创新相关研发资金的投入，不断完善产学研的创新网络，加速低碳技术创新成果的转化和应用。制定低碳技术创新的激励和保护政策，提高企业进行低碳技术创新的积极性；同时不断规范技术交易市场，提高技术市场的透明度，降低技术市场交易中的不对称性，减少企业进行低碳技术创新活动的不确定性风险和成本。完善相关知识产权保护法律法规，保障低碳技术创新主体的合法权益。加强科研人员和技术人才的培养，实现创新型技术人才的人力资本积累，为低碳技术创新活动提供人才基础。不断提高基础设施条件，为低碳技术创新的应用和扩散提供物质保障。提高社会绿色产品需求，通过消费者对绿色产品的需求倒逼企业进行低碳化生产。

（二）强化低碳技术创新的能源强度和产业结构中介效应，积极探索多种途径

低碳技术创新能够显著降低能源强度和促进产业结构升级，进而促进中国绿色全要素生产率的提升，因此要充分利用能源强度和产业结构的中介路径来提升绿色全要素生产率。一方面，加大能源方面的低碳技术创新应用，提高企业生产过程中的能源利用效率，可以在一定程度上减少经济发展对化石能源的依赖。重点发展太阳能、风能、生物质能等清洁能源技术，促进可再生能源对传统能源的替代，优化现有能源消费结构，可以实现生产过程和经济增长的脱碳目标。另一方面，提高低碳技术在传统产业中的应用，通过低碳技术的应用改造传统产业生产状况，促进传统产业的转型升级。同时重点扶持新兴绿色产业，凭借新兴绿色产业的“示范”作用，引领其他产业或上下游产业进行低碳技术转型。此外，能源强度和产业结构可能存在其他的低碳技术创新影响中国绿色全要素生产率提升的中介途径，因此要积极探索除能源强度和产业结构以外的多种可能路径。

（三）把握低碳技术创新异质性特征，促进低碳技术创新效应最大化

低碳技术创新对绿色全要素生产率的产生效果在不同经济水平和环境规制强度下存在差异，并且经济水平和环境规制的异质性进一步表现为门槛效应。因此要正视区域间的经济水平和环境规制差异。在经济发达地区大力推进低碳技术创新的使用，充分利用低碳技术创新的节能减排效益。而在经济基础较为薄弱的地区，要充分尊重地区现实发展路径，从长期把握地区经济特征，合理制定低碳技术创新发展规划，避免执行标准单一的“一刀切”政策。此外，要充分参考市场需求，设计制定更加合理的环境规制政策，加速低碳技术创新成果的市场化、产业化，进一步释放低碳技术创新的“创新补偿”效应。推动经济可持续增长的同时，使低碳技术创新研发和应用的市场主体从中受益，形成良性循环。

（四）加强区域间创新要素流动，提升整体协同创新能力

基于低碳技术创新显著正向的“空间溢出”特征构建区域合作创新项目，要推动区域间创新人才交流，提升区域内整体的协同创新能力，加速知识和技术的“溢出”。打破区域间的行政划分壁垒，优化区域内的创新资源配置，使创新要素在区域间自由流动，提高资源配置效率。同时，要进一步完善区域周边交通基础设施，扩大互通的交通网络，保障创新型科技人才在区域间的流动。发挥低碳技术创新水平较强地区的“示范”和“辐射”效应，带动周边地区的低碳技术创新应用。与此同时，邻近地区要充分利用核心地区的知识外溢，提高自身的科技创新水平和人力资本存量，建立区域间的人才共享机制，促使创新资源在不同地区均衡配置，避免创新高地的“虹吸效应”。

四、基于低碳政策的对策

（一）加大政府重视程度与企业研发精力投入

城市的科学研究支出占比对于城市低碳技术水平有显著的正向推动作用。低碳试点政策会间接导致企业的投入资金被迫转入防污减排处理，从而减少了在技术研发上的投入。基于此，政府可以进一步提高每年科学研究支出水平的比重，特别是加大鼓励企业追求低碳技术创新的力度。政府不仅可以在资金投入方面进行着重发力，在其他多方面、全方位的关怀中也应该做到位，比如政府可以加大科学研究支出比重，做好资料库数据的搭建，从而提高办事效率，在一定程度上方便资金的顺利流通和落实到位。政府也需要做好跟踪与复盘工作，关注资金投放前后该地企业进行低碳技术研发所发生的变化，便于后续相关工作的改善和增强企业进行低碳技术创新的内在动力。政府应该思考在日渐激烈的国际竞争中，在各国对于低碳技术的重要意识和重视程度都被带动起来的情况下，如何进一步从增强研发投入的层面去促进企业对技术水平层面的追求，这样才能推动长久发展。对于我国企业自身而言，需要重视和带动工业企业突破一直以来比较明显的技术瓶颈问题。

除了政府层面需要发力之外，企业本身层面更加不能忽视自身对于低碳技术创新与开发的追求。对于企业而言，首先应该把握主动权，增强自主研发意识。企业需要有以我为

主、为我所用的精神，在学习和吸取外国先进的低碳技术的同时，根据自身技术发展实际情况与发展道路，加大对低碳技术的研发投入，特别是在国际环境竞争比较激烈的情况下，多在核心方面即绿色相关的技术专利方面下功夫，逐步达到愿景里面对于此项要求的期待。

其次，虽然当前低碳试点政策推行至此确实产生了许多具有示范效果和参考意义的经验，但是企业应该时刻复盘、反省，发挥智囊团的重要力量和水准，进行符合本身发展特点和行情的研发活动，制定真正需要的战略，并且要多进行调研，根据调研实际情况进行评测与预估，逐渐把重心转移到重要的投资项目，从而继续提升低碳技术创新的活力和生命力。工业企业要特别注重低碳技术研发过程中的风险控制，通过不断将专项的研发管理活动进行政策上和制度上的规范化来加大研发活动范围，提供促进低碳技术发展的安全保障。

最后，具有一定生产规模的企业在积极推动低碳技术发展的同时，需要发挥自身在资金方面、规模方面的优势，在生产要素之间平衡结果，把高污染高耗能的生产方式淘汰掉，将低碳技术运用于企业生产实际，形成一条健康的、发展的产业链，这样才能避免被市场淘汰，提升企业的整体绿色竞争力，实现企业的可持续发展。

（二）加强环境相关法规建设，增强绿色创新观念

近些年来，我国绿色环保意识在逐渐增强，出台了各项与环保相关的政策与法规，但环境问题也依旧严峻，完全实现低碳减排还有很长一段路要走。尽管我国出台的环境相关的法律法规不少，但是实施效果并不尽如人意。在制定相关的政策时，应根据各地的实际情况，制定出与地区的企业低碳技术水平发展相适应的环保法规，促使企业自觉地践行低碳技术创新的观念。还可以将其与市场化的鼓励措施相配合，通过多种税收减免方式进一步挖掘企业的潜能。

完善我国的低碳政策，除了要有国家的指导外，还要有社会各界的积极合作。信息不对称会导致政府决策执行困难，因此需要让公众了解政府的政策和相应措施。在持续改进的过程中，政府可以利用官方门户将相关信息发布到社会大众的面前；同时，有关部门要加强宣传，采取各种形式如电视台、网络等，定期组织工作人员到各单位进行宣传活动；在社群中进行环保政策的宣讲，以保证有关的环境管制工作顺利进行。同时，要建立健全的监测制度，强化环保监管和环保政策的实施。

（三）产业扩张依据绿色标准，培养低碳技术优秀人才

产业规模的扩张对于城市低碳技术的发展起到了显著的正向作用，生产规模在一定程度上也能发挥力量，间接促进企业自身低碳技术的发展。企业想推动低碳技术创新水平的提高，离不开公司内部科研与技术工作人员的努力，一家公司的运营和管理方式又直接关系到运营决策和科研与技术工作者的工作热情。为此，企业必须制订科学有效的发展策略，加强科技研究和开发，加速技术革新，在保证企业生产规模扩张的同时遵循绿色标

准，推动产业规模与技术创新的协同发展。在我国，无论是采用低碳技术还是发展低碳技术，都应该将培养技术人员作为发展的重点。企业应加强对技术创新人才的投资，加强自身的技术队伍建设，通过与高等院校和研究机构的联合对科技创新队伍进行定向发掘，提升科技创新队伍的综合素质，使其在高质量的发展中处于领先地位，取得竞争优势。另外，通过健全企业的运营和管理留住优秀的员工，在企业的内部形成激励，可以为企业发展创造条件。重视科研人才的培训和环保技术的开发，从根源上进行污染防治。对于资金有限、研发人员短缺的企业，可以通过引入环保技术来推动企业的发展，并积极地处理环保问题。

（四）正确引导对外直接投资，促进低碳技术发展

生产效率和技术研发具有优势的高新技术企业可以走对外直接投资发展之路，但需加快达成吸收外国先进低碳技术与自身低碳技术创新的有效平衡，通过加快与国内企业合作或者母子公司进行互帮互助的措施把先进的低碳技术通过间接的手段引入内部，从而促进低碳创新技术的发展。生产效率次之的企业也应该发挥主观能动性，通过直接合作以及产业链相互关联的途径和间接技术外溢的方式吸收低碳技术水平，同时要主动模仿、自主学习和研发低碳技术。正确引导对外直接投资，对于低碳技术的发展可以起到一定的正向作用。除了积极引导对外直接投资，还应该在引入外资方面进行政策调整。应该加快吸引高质量外资的步伐，在政策与财政补贴支持上双重推进，给予高新技术外资企业一定的优惠与鼓励政策。

（五）促进地区协同效应，推动东中西部低碳技术共同发展

低碳试点政策对于不同地区间低碳技术水平的促进结果各不相同，这也从侧面反映出不同地区之间本身就存在着绿色科技创新能力上的差距，东部地区本身的低碳技术水平与生态效益高于中部、西部地区，而西部地区虽然在经济与技术发展水平以及生态环境质量上相对于东部、中部偏弱，但是西部地区一直是国家政策扶持基地，经过这些年政策的引导与助力，西部地区也比较适应政策，可以在低碳试点政策带动下开展低碳技术的创新。所以，推动区域间的协同发展，不断提高我国的低碳技术创新能力迫在眉睫。第一，东部地区的低碳技术创新能力比较强，一方面要充分利用自身的技术创新能力，在确保技术创新的前提下实现经济和生态的和谐统一，不断发掘技术创新潜能，不断提高技术创新能力，力争突破核心技术。第二，要强化区域间的协同，以支持西部和中部区域为依托，以创建合作平台等方式促进区域间的低碳技术创新交流与协作。中部地区要把区位条件利用起来，加速吸纳辐射的低碳技术革新，主动承担“承东启西”的重任。同时，要按照政府的要求加快发展低碳技术创新，同时也要注意保持合作与交流。第三，政策对于中部地区和西部地区的支持要继续进行，除了对代表绿色和环保的产业、能源等要大力进行推广之外，还要对那些有严重环境问题的行业进行集中治理，使之真正实现绿色发展。建立一个具有示范意义的先进技术示范园区，如“生态工业区”，鼓励低碳技术的生产企业效仿，

在示范的基础上对低碳技术的问题进行探讨和研究，推动低碳技术的发展。

五、基于农业的对策

低碳农业关乎经济、社会和生态等多个层面，可以减轻温室效应、推动农业生产向低碳的转变。因此，可以通过提高农户对农业低碳技术的采纳程度来促进农村生态环境保护和农户增收的稳定发展。

（一）加强低碳经营理念宣传，推广各项农业低碳技术

现阶段，受农户自身条件的约束，农户的专业知识水平不足，低碳经营意识还不高，因此要加强农业低碳技术的宣传和教育，推广各种农业低碳相关技术，提高农户采用农业低碳技术的意愿。一是要加大各种低碳技术推广的力度。合理借助家庭农场、专业大户的示范作用和专业合作社的辐射作用进行农业低碳技术的宣传与推广，通过固定场所对农户进行专业的技术培训，全面提高农户的专业水平。二是开掘推广内容深度。借助报纸、计算机、广播、网络和电台等多种媒介，运用多种方式进行农业低碳技术的普及。农业科技人员可以实地操作农业技术，采用挨家挨户专门指导、垄间指导等多种方式推广农业低碳技术，以消除农户对农业低碳技术的疑虑，并且能够加深农户对农业低碳技术成果的直接感知，进而促进农户采用农业低碳技术。

（二）建立低碳生产补贴机制，不断加强政府信任建设

健全农业补贴政策，可以引导农业生产方式转变，保护生态环境，不断增强政府公信力，降低农业技术推广的交易成本，促进农民接受并运用农业低碳技术。一是灵活确定补贴对象。实行农业低碳生产补贴要明确其首要条件，即农业生产应为低碳生产，补贴对象可以多角度确定，如普通农民、专业大户和龙头企业等，并且在农业低碳技术逐步推行的同时，将有新的农业低碳技术的采纳群体，补贴方式要有动态变化。二是灵活确定补助的内容。政府设置的政策补贴应当有足够的弹性空间，除了针对不同的低碳设备设立对应的补贴内容，还应制定灵活的补贴政策，将补贴常态化、多样化。三是根据现实需要对补贴项目进行补充和完善。在各个农业生产环节制定完善的补贴政策，严格执行相关的政策和法律，保证各项政策和补助按时发放，充分保证农户生产的积极性。四是加强有关制度的总体运行，提高各项政策实施的透明度。推广和应用农业低碳技术中政府的引导和帮扶是十分必要的，要引导农户积极参与环境治理，建立起政府和农民的信任和交流机制，解决农户在推广农业低碳技术时所面临的问题。

（三）加大技术培训，形成农民教育投入机制多元化

总体上来说，农民基础素质的提高有利于实现农业低碳技术向农田生产力的转变。农民普遍文化水平低，对低碳农业的认识不足，会阻碍农业低碳技术的普及，影响到农村的生态环境。因此，政府部门应提高农民对环境保护的认知，并组织专业技术人员，针对不同的具体条件制订出适合当地农户学习的教学方法，引导社会各界合力加强对农民的专业

化教育，使其掌握生产技术和经营管理的能力。可以从两个方面入手：一是要充分发挥农民的职业受教育积极性，二是要积极提升农村家庭的实际操作技能，同时通过农业院校、科研机构及农民合作社等多种形式的合作，把科研成果转化为农业生产。

（四）推动农业低碳技术进步，以科技创新促转型

要潜心研发新的农业低碳技术及其相关配套技术，或者将已有的技术进行应用创新。在科技创新驱动下促进农户农业低碳技术的采纳意愿可以从以下四个方面入手：一是加大对农业低碳技术研发的资金支持，考虑到农业低碳技术的社会性和公共性，可以出台相关优惠或补贴政策，鼓励高校、企业和科研院所等积极投入农业低碳技术创新，开发更多有用的技术成果。二是要坚持以市场为导向，从技术发展的角度指导农业低碳技术的发展，同时要考虑到这些技术开发的可能性和有效性。引导技术创新成果能够得到实现和运用。三是农户的需求是创新核心所在，充分发掘农民的实际和潜在需求，以多种技术和产品促进农业科技创新，通过增加农业的附加价值使农民增收，从而促进农户农业低碳技术的采纳意愿，使低碳农业得到更好的发展。四是要继续完善农业创新体系，通过开放创新、携手创新的平台及高科技园区与应用创新园区两种体系的高度互补、相互影响，实现技术创新的全面推进。

（五）建立公平有效的配套服务和多元补偿激励机制

要想顺利推行农业低碳技术，后续高效的配套服务是必不可少的。一系列的行之有效的服务措施，如技术指导、补贴、优惠政策和信贷等手段，都与农户是否愿意使用农业低碳技术有直接的关联。因而，可以强化对农户实施农业低碳技术服务力度，立足于农业低碳技术应用的现实情况，形成从产品研究制造、技术改革到宣传销售综合性一体化的社会化服务体系。在此基础上，建立由国家主导，以农户、专业合作社为主的技术推广系统；强化农村能源建设、优化能源结构、降低 CO_2 排放量。

此外，政府还应该出台政策，鼓励银行等金融机构进行信用服务链的创新，并鼓励银行等金融机构大幅度削减贷款利率，向农民发放信贷。

参考文献

[1] 白珂．环境规制、低碳技术创新与工业绿色全要素生产率［J］．技术经济与管理研究，2023（02）：30—36.

[2] 曹卿，申颢，蒋典谷．低碳政策对技术进步偏向性的影响及机制［J］．海南金融，2023（02）：3—22.

[3] 陈丽红．碳达峰与碳中和背景下工业低碳发展分析［J］．资源节约与环保，2023（06）:114—117.

[4] 崔冰，马涛，何颖．加快完善我国低碳技术创新政策体系：欧日的经验借鉴［J］．中国外资，2023（09）：36—39.

[5] 戴利研，贺壮．能源企业绿色低碳转型分析［J］．企业管理，2023（02）：116—120.

[6] 董梅，陈强．低碳技术效率、技术差距与低碳化水平演变——基于生产部门异质性的对比与预测［J］．财经理论研究，2022（04）：12—25.

[7] 顾高翔，沈思矣，何湘琦，王铮．碳中和目标约束下国际低碳技术融资的碳治理研究［J］．地理研究，2023，42（03）：842—856.

[8] 国家建筑绿色低碳技术创新中心在京揭牌［J］．工程建设标准化，2023（06）：10—12.

[9] 河北：到2025年初步构建绿色低碳技术创新体系［J］．中小企业管理与科技，2023（05）：27.

[10] 李海鹏，颜金利．"双碳"目标下我国绿色低碳技术体系构建及创新策略分析［J］．节能与环保，2023（05）：15—17.

[11] 李琪，倪树清，吉喆，孟岩岩，乔煜婷．中外低碳建筑技术发展趋势及热点研究［J］．城市建筑，2023，20（04）：1—3+13.

[12] 李容庚．中国低碳能源技术转移特征及其减排效应研究［D］．大连：大连理工大学，2021.

[13] 李丫丫，秦帅．低碳技术创新与中国绿色经济增长：中介机制与异质性特征［J］．科技与经济，2022，35（03）：31—35.

[14] 李杨．京津冀企业低碳技术协同创新问题研究［D］．北京：华北电力大学，2020.

[15] 梁鹏．我国绿色低碳能源技术发展存在的问题和建议［J］．科技中国，2023（05）：76—78.

[16] 林兰明．农户采纳农业低碳技术意愿分析［J］．山西农经，2023（08）：120—122.

[17] 林卓玲，方远平，张经度，辜雪钿．粤港澳大湾区城市群低碳技术创新网络结构韧性演化研究［J］．城市观察，2023（03）：21－35＋160－161.
[18] 刘恋，王琛，李文清．基于文献计量学的低碳电力技术知识图谱构建与应用［J］．数字技术与应用，2023，41（03）：68－70.
[19] 刘研华，邵承奇．环境规制促进绿色低碳发展的路径和机制［J］．科技和产业，2023，23（09）：70－75.
[20] 刘孜萱．低碳试点政策对技术创新影响的实证研究［D］．沈阳：辽宁大学，2020.
[21] 罗良文，张郑秋，周倩．产业智能化与城市低碳经济转型［J］．经济管理，2023，45（05）：43－60.
[22] 雒德宏．我国新能源发电技术发展面临的瓶颈及对策［J］．中国资源综合利用，2023，41（03）：188－190.
[23] 马海韵，张彤．率先碳达峰国家低碳技术创新采纳应用规律对中国的启示——基于“技术－组织－环境”框架的分析［J］．现代经济探讨，2023（07）：15－22.
[24] 潘婷．低碳技术进步对碳排放强度的影响研究［D］．广州：华南理工大学，2019.
[25] 钱增志，王宽，柳晓雷，章文杰，方宏伟，周大兴．北京市创新型绿色低碳技术推广路径研究［J］．建设科技，2023（09）：57－59＋70.
[26] 尚勇敏，宓泽锋，周灿，林兰．中国城际低碳技术转移对碳排放的影响——基于知识学习与技术学习“二分法”视角［J］．资源科学，2023，45（04）：827－842.
[27] 石锐．低碳技术创新对制造业绿色生产的影响研究［D］．西安：陕西师范大学，2020.
[28] 寿东，吕宬熺，许鹏鹏．“双碳”背景下节能低碳技术在LEED项目中的应用研究——以杭州国际中心为例［J］．智能建筑与智慧城市，2023（03）：112－116.
[29] 王殿武．绿色信贷对绿色低碳技术进步的经济效应研究［D］．长春：吉林大学，2020.
[30] 王瑾瑜．碳金融对突破式低碳技术创新的作用研究［D］．哈尔滨：哈尔滨工程大学，2019.
[31] 王为东，王笑楠，江红莉．低碳城市建设能否加快低碳技术知识流动？［J］．科学学研究，2023：1－19.
[32] 魏守华，钱非非．低碳城市建设能否助力中国环境技术提升？［J］．现代经济探讨，2023（06）：97－106.
[33] 邬钦．企业社会责任对低碳技术创新的影响研究——国际化战略的中介作用与市场化环境的调节作用［J］．国际商务财会，2023（04）：10－18.
[34] 徐英东．差异化碳税对低碳技术创新影响研究［D］．长春：吉林大学，2019.
[35] 闫浩春，韩晓莉，张皓晨．建材行业绿色低碳技术评价方法研究与行业发展建议［J］．环境保护，2023，51（Z2）：14－17.

[36] 严索，高婷，金海．基于专利分类体系我国绿色低碳技术专利布局状况研究［J］．中国发明与专利，2023，20（06）：30－37.
[37] 叶见春．中国成为拉动全球绿色低碳技术创新的重要力量［J］．中国对外贸易，2023（03）：32－34.
[38] 于昊．空调分会：健康与低碳，技术升级的两大主题［J］．电器，2023（06）：34－35.
[39] 余永松，付宏阳，罗义，李扬，崔鹏，吴平华．农户绿色低碳农业技术选择的影响因素研究——以湖北省羊肚菌主产区为例［J］．天津农业科学，2023，29（07）：58－62.
[40] 岳圆圆．河北省村镇建设领域绿色低碳技术评价分析［J］．科技资讯，2023，21(08):116－121.
[41] 云南省碳中和绿色低碳技术重点实验室创新成果［J］．云南科技管理，2022，35(04):80－81.
[42] 张琳昌，张伟．基于低碳背景下的绿色建筑施工技术探讨［J］．散装水泥，2023(03):150－151＋154.
[43] 张薇，公丕芹．“双碳”背景下加快绿色低碳技术推广应用［J］．宏观经济管理，2023（06）：35－41＋90.
[44] 张薇，公丕芹．绿色低碳技术创新发展现状与路径研究［J］．中国能源，2022，44(12):43－49.
[45] 赵菁虹，石梦迪，刘朝茹．减污降碳与绿色低碳高质量发展［J］．资源节约与环保，2023（06）：129－132.
[46] 周英姿．环境规制对低碳技术创新的影响研究［D］．长沙：湖南工商大学，2020.